British
Columbia | Alberta
Boundary

Tierisch gute Hunde-Snacks

Knusprige Erdnussplätzchen, Seite 82

BARBARA BURG

Tierisch gute Hunde-Snacks

So verwöhne ich meinen Hund!

Wichtiger Hinweis

Alle Rezepte wurden sorgfältig geprüft und es wurde darauf
geachtet, stets eindeutige Anweisungen zu geben. Beachten Sie
aber, dass es unterschiedliche Reaktionen sowie individuelle
Unverträglichkeiten hinsichtlich bestimmter Nahrungsbestand-
teile geben kann. Verlag und Autorin können keine Haftung
für Personen, Sach- oder Vermögensschäden übernehmen, die
bei der Umsetzung der gegebenen Empfehlungen entstehen
können.

Bibliographische Information der Deutschen Bibliothek

Die Deutsche Bibliothek verzeichnet diese Publikation in der
Deutschen Nationalbibliographie; detaillierte bibliographische
Daten sind im Internet über http://dnb.ddb.de abrufbar.

BLV Buchverlag GmbH & Co. KG
80797 München

Titel der Originalausgabe: The Good Treats Cookbook for Dogs
© 2007 by Quarry Books

Deutschsprachige Ausgabe:
© 2008 BLV Buchverlag GmbH & Co. KG, München

Umschlaggestaltung: BLV, Regina Hocker und Timo Wenda
Umschlagvorderseite: Jane Burton/naturepl.com
Umschlagrückseite: Donna Bise

Übersetzung: Till Reinhard Lohmeyer

Lektorat: Dr. Friedrich Kögel, Dr. Eva Dempewolf
Satz: Uhl + Massopust, Aalen

Printed in Singapore
ISBN 978-3-8354-0361-1

Widmung

In liebevoller Erinnerung an meine
Mutter Mildred, die mein Faible für die
Hundebäckerei förderte und die Entwick-
lung unserer Firma »Barbara's Canine
Catering« mit Rat, Tat und Begeisterung
begleitet hat.

Auch meinem Vater Cecil, meinem besten
Freund, sei dieses Buch gewidmet. Seine
Liebe und seine Unterstützung geben mir
die Kraft, in meinen Bemühungen um die
besten und gesündesten Schmankerln für
unsere Hunde unbeirrt fortzufahren.

*Mein Vater Cecil um 1946 mit unserem Hund Sparky,
den er manchmal »ausgehfertig« einkleidete. Beim
Anblick dieses Fotos wurde mir schlagartig klar, von
wem ich meine Vorliebe für Hundepartys geerbt habe.*

Inhalt

8   Vorwort

KAPITEL 1

Wir geben eine Hundeparty

12   Der Ort des Geschehens

15   Die Gästeliste

17   Das Motto des Tages

20   Einladung ist nicht gleich Einladung

23   So gelingt die Hundeparty

KAPITEL 2

Backen für den Hund

28   Schokolade ist tabu

29   Besondere Zutaten

KAPITEL 3

Für den kleinen Hundehunger: Appetithäppchen

34   Lachsbällchen

36   Parmesan-Chips

38   Hunde-Rohkost mit Kräuterdip

40   Spinat-Quiche als Amuse-gueule

42   Leberpastete

44   Italienische Käsetäschchen

46   Apfel mit Erdnussbutter-Käse-Bällchen

48   Lachshäppchen

50   Lachslaibchen mit Süßkartoffeln

52   Biscotti

KAPITEL 4

Beliebte Häppchen

56   Putenfrikadellen mit Joghurtdip

58   Gemüsehäppchen

60   Mixed-Grill

62   Walnuss-Carob-Bonbons

64   Vegetarische Pizza

66   Schwedische Putenklößchen

58   Falscher Hase an Tomaten-Kräuter-Soße

70   Erdnussbutter-Müsliriegel

72   Sushi-Rolle

74   Toast mit Spinat und Verlorenen Eiern

76   Vier-Käse-Pizza

KAPITEL 5

Auf die Plätzchen... fertig... los!

80 Apfel-Erdnussbutter-Plätzchen

82 Knusprige Erdnussplätzchen

84 Kürbisstangen

86 Huhn-Ingwer-Plätzchen

88 Bananen-Erdnussbutter-Kekse

90 Kräuterplätzchen mit Knoblauch

92 Carob-Plätzchen

94 Gemüse-Rindfleisch-Plätzchen

96 Knuddelküsschen

98 Müsli-Kekse

100 Süßkartoffel-Leckerlis

102 Fettarme Gemüseplätzchen

KAPITEL 6

Festtagskuchen

106 Apfelkuchen mit Widmung

110 Süßkartoffelkuchen

112 Mamas Magische Muffins

114 Heidelbeer-Muffins

116 Karotten-Muffins mit Cremehäubchen

118 Omas Apfelpfannkuchen

119 Nuss-Preiselbeer-Riegel

120 Muffins mit Carob-Chips

122 Süßkartoffel-Muffins

123 Kürbiskuchen

KAPITEL 7

Kühle Desserts & Getränke

126 Daiquiri »Bello« für den Hund

128 Bananarita

130 Törtchen mit Kürbis-Käse-Füllung

132 Gefüllter Erdnussbutter-Pie

134 Bezugsquellen

134 Bildnachweis

135 Über die Autorin

136 Danksagung

Vorwort

Eines kann ich Ihnen sagen: Als Theaterprofi und im Tourismusgeschäft habe ich Einiges erlebt. Aber zu den verrücktesten, komischsten und vergnüglichsten Erfahrungen meines Lebens gehört eindeutig die Organisation und Durchführung von Hundepartys. Mit anderen Worten: Bei mir ging und geht es oft rund, und an vieles erinnere ich mich wirklich gerne. Aber ich wüsste nicht, was mir mehr Spaß machen würde als fröhliche Feiern im Kreise guter Freunde samt aller Wauwaus, die dazugehören! Und so, wie 's aussieht, stehe ich damit nicht alleine da – wie anders wäre es zu erklären, dass sich das Haustier-Business mittlerweile zu einer Multimilliarden-Dollar-Industrie gemausert hat. Wahre Partylöwen sind unsere Hunde – und jede Minute, die wir mit ihnen verbringen, ist auch für uns Zweibeiner ein Grund zum Feiern.

Egal, ob Sie 's richtig extravagant oder eher schlicht mögen – alles, was Sie für das perfekte Hundefest brauchen, finden Sie in diesem Buch: einfache Rezepte und stilvolle Party-Ideen ebenso wie Tipps für Gastgeber und Gäste zu Einladungen und Dankschreiben. Die Rezept-Ideen sind aber auch hervorragend geeignet, um Ihren Hund für etwas zu belohnen oder ihn einfach zu verwöhnen – weil das allen Beteiligten Spaß macht. Ich hoffe aber auch, dass Sie dieses Buch mit all seinen ulkigen und überraschenden Vorschlägen dazu inspiriert, ein paar Freunde mit ihren Hunden einzuladen und mit ihnen zu feiern.

Guten Appetit!

Barbara Burg

KAPITEL 1

Wir geben eine Hundeparty

Also, abgemacht: Wir schmeißen eine Party für alle Hundefreunde samt vierbeinigem Anhang. Toll! Aber wo fangen wir an? Wo soll die Festivität stattfinden? Wie viele Gäste sind erwünscht? Soll die Party unter einem bestimmten Motto stehen? Was kommt auf den Tisch – und in die Futternäpfe? Und wie teuer wird der Spaß?

Bloß keine Aufregung, wir kriegen das in Griff. Immer schön eins nach dem anderen.

Der Ort des Geschehens

Die erste Entscheidung, die es zu treffen gilt, betrifft den Ort des Geschehens. Der Schauplatz bestimmt den Rahmen für alles Weitere. Am besten geeignet ist ein Grundstück mit einem eingezäunten Garten. Es geht auch im Haus, vorausgesetzt, Sie haben einen gefliesten Raum (ohne Teppiche oder Teppichboden!) und erwarten nur kleinere Hunde und auch von denen nicht zu viele. Bei mehr Gästen und größeren Hunden brauchen Sie einen entsprechend größeren Raum – und gute Nerven, wenn Sie nicht die Übersicht verlieren wollen.

Haben Sie sich für eine Party im Freien entschieden, überprüfen Sie sicherheitshalber die Höhe des Zauns – es gibt immer den einen oder anderen »Hochspringer«. Auch die Bodenverhältnisse am Grunde des Zauns verdienen eine kritische Inspektion – manche Hunde graben wie die Wühlmäuse und sind wahre Ausbrecherkönige. Noch besser: Ist der Garten groß genug, teilen Sie ihn auf – in eine Spielzone, in der sich auch die wildesten Vierbeiner nach Herzenslust austoben können, in eine Futterzone, in einen Bereich, in dem sich Herrchen und Frauchen wohlfühlen, und in eine Ruhezone für (vom Spielen und Fressen) erschöpfte Hunde.

Ob große oder kleine Hundeparty – ideal ist, wenn sie draußen stattfinden kann. Für acht bis zwölf Hunde reicht eine Fläche von etwa 9 × 12 m aus, wobei Sie allerdings stets Größe und Alter der geladenen Vierbeiner im Auge behalten sollten. Handelt es sich überwiegend um Schoßhunde, um mittelgroße Hunde oder um gewichtige Vertreter von Bernhardiner- oder Doggenkaliber? Stehen auf der Einladungsliste energiegeladene, spielfreudige Welpen oder geruhsame Senioren? Oder werden kleine *und* große, junge *und* alte Kameraden erwartet? All diese Fragen wollen bei der Ortswahl beachtet werden. Denken Sie daran: Für den Fall, dass das Wetter nicht mitspielt, müssen Sie einen Plan B aus dem Hut zaubern. Ist vielleicht Ihre Garage groß genug, um bei Regen als Ausweichquartier zu dienen? Am besten erwähnen Sie die Schlechtwetter-Alternative bereits in Ihrer Einladung.

Im Allgemeinen bietet eine normale Garage oder ein größerer Keller genügend Platz für vier oder fünf Hunde, je nach Alter und Größe. Doch auch Frauchen und Herrchen brauchen Platz zum Feiern und ein paar Stühle oder Bänke zum Sitzen – vergessen wir sie nicht! Deutlich voneinander getrennt sein sollten auch die Tische mit den Leckerbissen für die Vier- und Zweibeiner. Glauben Sie mir – bei den Delikatessen, die ich Ihnen in diesem Buch vorstelle, werden Sie Ihre liebe Not und Mühe haben, sie von menschlichen Gaumenfreuden zu unterscheiden!

Ob draußen oder im Haus – die folgende Checkliste fasst noch einmal alle wichtigen Punkte zusammen, damit Ihre Hundeparty garantiert erfolgreich wird.

- Suchen Sie ein geeignetes, großzügig bemessenes Gelände, das genügend Raum bietet für alle Gäste, die Sie einladen wollen.
- Achten Sie darauf, dass ausreichend Parkplätze zur Verfügung stehen.
- Informieren Sie Ihre Nachbarn über das bevorstehende Hundefest – kann ja sein, dass der eine oder andere Gast die Kläferitis bekommt. Noch besser: Laden Sie Ihre Nachbarn zum Mitfeiern ein.
- Sorgen Sie dafür, dass genügend Hundebeutel und entsprechend wetterfeste Mülleimer vorhanden sind. Weisen Sie die Gäste gleich beim Eintreffen auf die vorgesehenen Hundetoiletten hin und zeigen Sie den Herrchen und Frauchen, wo die Beutel sind und die Mülltonnen zur Entsorgung stehen. Zur Vermeidung von Peinlichkeiten und um dem Ganzen eine humorvolle Note zu verleihen, weisen Sie am besten von vornherein jedem Hund seinen »persönlichen« Beutel zu. Wenn Sie wollen, können Sie auch einen Ihrer menschlichen Gäste zum offiziellen »Nachlassverwalter« ernennen.
- Entfernen Sie alles, was nicht niet- und nagelfest ist und im Weg sein oder beschädigt werden könnten, wenn die Vierbeinerparty erst einmal auf Touren kommt.
- Bereiten Sie eine gemütliche Sitzecke vor, in der die zweibeinigen Hundebegleiter Erfrischungen zu sich nehmen und ungestört miteinander reden können.
- Auch die vierbeinigen Gäste brauchen eine Ruhezone, wo sie einmal durchschnaufen können.
- Stellen Sie bei Geburtstagsfeiern ein Geschenktischchen für den »Jubilar« auf. Es könnte z. B. mit Ihrem liebsten Hundefoto oder mit einem Schälchen mit Leckereien dekoriert sein. Wirkt richtig festlich!
- Denken Sie daran, überall im Partybereich Trinknäpfe mit Wasser aufzustellen. Das Wasser sollte kühl sein und regelmäßig nachgefüllt werden. Das viele Herumtollen und Naschen macht durstig.

Und wenn Sie sich mit der Vorstellung, in Ihrem Haus und Garten eine Hundemeute von den Leinen zu lassen, nicht so recht anfreunden können oder ganz einfach nicht genügend Platz zur Verfügung haben? Vielleicht gibt es irgendwo in der Umgebung einen Hundesportplatz, den Sie für einen Tag mieten können. Es soll sogar Parkanlagen (oder Teile davon) geben, in denen Hunde

willkommen sind. In diesem Fall ist natürlich nicht mehr alles planbar, und es fehlt die private Atmosphäre. Findet dort eine Hundeparty statt, so spricht sich das in Windeseile unter sämtlichen Hunden im Park herum. Am besten hängen Sie ein Poster mit der Aufschrift »Überraschungsgäste willkommen« auf. Sie und Ihre Gäste werden zahlreiche andere Hundehalter kennenlernen, die mit großer Begeisterung die kommunikativen und sozialen Talente ihrer Vierbeiner unter Beweis stellen wollen – und dagegen ist ja auch nichts einzuwenden.

Voraussetzung für eine erfolgreiche Party auf einem Vereinsgelände oder in einem öffentlichen Park ist allerdings, dass Sie sich über die rechtliche Lage informieren. Erkundigen Sie sich rechtzeitig beim Vereinsvorstand oder dem zuständigen Amt, sprechen Sie mit den Verantwortlichen und beachten Sie die jeweils gültigen Vorschriften. Vielleicht verlangt der Gesetzgeber, dass alle teilnehmenden Hunde geimpft sind, vielleicht herrscht Leinenpflicht im Park, oder es gelten andere Beschränkungen. Weisen Sie bereits in Ihrer Einladung auf entsprechende Regeln und/oder Verbote hin. Der gut informierte Gastgeber kennt alle potenziellen Risiken und sorgt bereits im Vorfeld der Veranstaltung für deren Entschärfung.

Auch auf einige andere Vorsichtsmaßnahmen sei an dieser Stelle hingewiesen. Hunde haben einen natürlichen Jagdinstinkt und können ausbüxen, wenn sie die Witterung von einem Reh, einem Hasen oder Fasan aufnehmen. Am Stadtrand und auf dem Land empfiehlt es sich daher, den zuständigen Jäger zu konsultieren. Ob er von Ihrem Vorhaben begeistert sein wird, muss bezweifelt werden – es kann aber auch sein, dass er als Hundehalter Verständnis hat und mitfeiert. Kinderspielplätze, Brombeerdickichte, landwirtschaftlich genutztes Gelände oder ungepflegte Parkanlagen, in denen Glasscherben oder gar die Einwegspritzen von Fixern herumliegen, sind ohnehin keine geeigneten Festplätze. Last but not least besteht auch immer die Gefahr, dass Hunde irgendwo etwas fressen, was ihnen nicht bekommt – z. B. giftige Zimmerpflanzen wie Dieffenbachia, giftige Pilze oder sogar Rattengift.

Chancen bestehen unter Umständen in Tierheimen mit ausreichend großen Freigehegen oder, wie schon erwähnt, auf dem Trainingsplatz eines Hundesportvereins. Im Leben Ihres Hundes, der ja Teil Ihrer Familie ist (Ihr vierbeiniges Kind eben), spielen solche Stätten eine wichtige Rolle: Dort lernt er Gehorsam und soziales Verhalten, dort fühlt er sich wohl. Der Leiter des Trainingsgeländes informiert Sie bestimmt gerne über alles, was Sie wissen müssen. Aufgrund der wachsenden Popularität von Hundesportveranstaltungen empfiehlt es sich, mindestens sechs Wochen vor dem geplanten Ereignis mit den Verantwortlichen Kontakt aufzunehmen.

Die Gästeliste

Okay, der Ort des Geschehens steht fest bzw. ist reserviert! Wenden wir uns nun der Frage zu: Wen laden wir ein? Leider sind nicht alle Hunde für eine Party geeignet. Manche sind aggressiv, andere übernervös oder aufbrausend, wieder andere verteidigen eifersüchtig ihr Revier oder kommen einfach nicht mit Artgenossen zurecht. Wie auch immer – diese Typen können einem den Spaß gründlich verderben. Herrchen und Frauchen können Sie trotzdem einladen – wahrscheinlich kennen sie die Eigenheiten ihres Problemkinds – und

Was gibt es Schöneres, als sich mit ein paar Freunden am Hundestrand zu treffen und dort einen herrlichen Sommertag zu verbringen?

ihnen am Ende eine Tüte voll Partyfutter mitgeben. Auch läufige Hündinnen sollten Sie lieber per Boten beglücken – auf dem Fest wären sie unfreiwillig die Attraktion des Tages und würden den Ehrengast (bzw. den Geburtstagshund) arm aussehen lassen.

Ideale Partygäste sind Welpen, die alle notwendigen Impfungen bereits hinter sich haben. Außerdem sollten auch ein paar ältere Hunde dabei sein. Aber Vorsicht! Wenn Sie wirklich Hunde verschiedener Altersgruppen einladen wollen, achten Sie darauf, ob sie zueinander passen. Ältere Hunde sind natürlich nicht mehr so agil und unternehmungslustig wie jüngere. Gut möglich, dass sie erst einmal schnüffelnd die Lage peilen und sich danach zu Füßen ihres Herrchens oder Frauchens zusammenrollen. Junge Hunde dagegen sind imstande, bis fast zur Bewusstlosigkeit herumzutollen. Was wir alle entzückend finden, geht den Senioren unter unseren Hundegästen möglicherweise ganz gewaltig auf die Nerven. Nun geben ältere Hunde den jüngeren zwar irgendwann deutlich zu verstehen, dass sie an dem allgemeinen Trubel nicht teilnehmen wollen. Ich rate Ihnen allerdings dringend, es gar nicht erst so weit kommen zu lassen. Damit die jungen Wilden die älteren Semester nicht über Gebühr aufregen, empfiehlt sich die Einrichtung

Suchen Sie sich ein lustiges Thema – und alles läuft wie von selbst. Hier zum Beispiel die Beach-Party. Das Rezept für die Bananen-Erdnussbutter-Plätzchen finden Sie auf S. 89.

einer Spielzone für die Kleinen. Dort können sie herumspringen, umhertollen und ihre überschüssige Energie loswerden. Geeignet für solche Abgrenzungsmaßnahmen sind tragbare Trennwände oder »Zäune«, die sowohl draußen wie drinnen verwendet werden können. All diese Dinge werden im Zoohandel angeboten, natürlich auch über das Internet. Im Haus hilft manchmal auch eine Kindertür.

Ob fremde Hunde partygeeignet sind, kann man auch so herausfinden: Treffen Sie sich mit den Kandidaten und ihren Haltern vorab in einem (Hunde-)Park und beobachten Sie, wie die Vierbeiner miteinander auskommen. Danach wissen Sie genau, welchen Hund Sie einladen können und welchem Sie lieber einen fressbaren Partygruß vorbeibringen.

Das Motto des Tages

Als Nächstes sollten Sie sich Gedanken darüber machen, unter welches Motto Sie die Party stellen. Da gibt es unendlich viele Möglichkeiten, von ganz einfach bis total verrückt. Ein Faktor wird sicherlich sein, wie viel Geld Sie investieren wollen. Je kleiner das Budget, desto mehr Kreativität ist gefragt. Egal, in welcher Form das Ereignis stattfindet – in zwei Stunden lässt sich alles über die Bühne bringen: Begrüßung, Smalltalk, Spielen, Verköstigung, Verteilung der Geschenke usw. Lassen Sie sich was Lustiges einfallen – oder sich inspirieren. Hier ein paar Vorschläge:

STRANDPARTY »HAWAII« Ein buntes Vergnügen mit Blütenkränzen für alle (zwei- und vierbeinigen) Gäste und überall durchführbar. Wenn möglich, stellen Sie zur Abkühlung ein Planschbecken auf. Plätzchen für Mensch und Hund können in Formen serviert werden, die dem Motto entsprechen – Schiffe, Fische, Hummer, Strandbälle. Und was wäre eine Party ohne Musik? Angesagt sind Hawaii-Klänge und Seemannslieder – und sorgen Sie dafür, dass mindestens ein oder zwei Gäste dabei sind, die den anderen beibringen können, wie man (hund) Hula oder Limbo tanzt...

WILDWEST Bunte Bandana-Tücher und Cowboyhüte für alle Gäste! Lustig wären Plätzchen in Form von Reitstiefeln, Sheriffsternen, Pferden oder Büffelköpfen.

SIEBZIGERJAHRE-PARTY Batiktücher und Liebesperlen für alle zwei- und vierbeinigen Gäste. Eine unterhaltsame Reise in die Vergangenheit – und eine tolle Gelegenheit, die alten Melodien und Songs aus den frühen Siebzigern hervorzukramen. Auch die Speisen, die Sie Ihren (menschlichen) Gästen servieren, sollten das Motto widerspiegeln.

HOLLYWOOD UND SCHWARZE SCHLIPSE Halten Sie genügend Taft in ausgewählten Farben bereit, sodass Sie allen Hundedamen etwas davon ums Halsband hängen können. Und für jeden Rüden, der den seinen daheim gelassen hat, gibt es natürlich einen schwarzen Schlips oder eine Fliege. Zum Musikprogramm können die Titelsongs Ihrer Lieblingsfilme gehören (Hollywood lässt grüßen). Variante: Suchen Sie sich einen bestimmten Film aus und lassen Sie jeden Hund in der Rolle auftreten, die er (oder sein Herrchen) für die ihm angemessene hält – vielleicht eine Figur aus dem »Dschungelbuch«, »Alice im Wunderland« oder sogar aus einem Cartoon.

SPORTLERBALL FÜR JUNGE HUNDE Ob Fußball-, Eishockey- oder Schwimmverein – je nachdem, wofür Ihr Herz schlägt: Fan-Kopftücher, Kappen und Trikots für alle Zwei- und Vierbeiner. Teamfarben bringen die Fans in Schwung, und dem Teamgeist hilft ein Spanferkel am Grill oder ein Barbecue auf die Sprünge. Dazu sind Leckerbissen in Fußball-, Puck- oder Schwimmreifenform angesagt.

FRÜHLINGSFEST & GARTENPARTY Aaaahh – endlich ist die Sonne wieder da, und es wird wärmer! Die ersten Frühlingsblumen öffnen ihre Blüten. Partyzeit! Blumen und Schmetterlinge, Frösche und Eiswaffeln sind die Backformen des Tages. Jeder Gast trägt ein buntes Kunstblumensträußchen am Halsband oder an der Leine!

Keine Hundeparty ohne Hundekuchen. Aber statt künstlicher Farbstoffe sollten Sie natürliche Lebensmittelfarben benutzen – sie sind im Fachhandel für Backzubehör erhältlich.

BIKERTREFF Motorradhelme, Kopftücher und Bikerdress für alle. Gebäck in Motorrad- oder Reifenform wäre lustig.

Für jedes Motto gilt: Beschränken Sie sich auf ein Minimum an Dekorationen. Gelegenheit macht Diebe: Wenn zu viel herumhängt oder -liegt, entwickeln Hunde mitunter eine Neigung zu destruktiven Vergnügungen. Ich halte z. B. nicht viel von Luftballons auf Hundefesten. Wenn sie platzen, kann der Knall die Vierpföter erschrecken oder, schlimmer noch, einen regelrechten Hundekampf auslösen. Und verschluckte Luftballonfetzen sind unter Umständen für einen Hund sogar tödlich.

Auch Kerzen sind problematisch. Auf einem Kuchen oder in der Nähe der Spielzone haben sie nichts zu suchen. Jede neugierige Hundenase, jeder wedelnde Schwanz kann sie umstoßen. Schnurrhaare und Nasenspitzen sind rasch versengt, wenn sie einer Kerze auf einem Kuchen oder einem Tisch zu nahe kommen. Davon abgesehen gehören Kerzen generell nicht auf Hundefutter, welcher Art auch immer – kein Hund weiß auf Anhieb, was er essen darf und was nicht.

Auch die beliebten Knallfrösche und alle anderen Scherzartikel, die ohne Vorwarnung laute Geräusche produzieren, sollten strikt vermieden werden. Der Schreck kann bei Hunden unvorhersehbare und unerwünschte Reaktionen hervorrufen.

Einladung ist nicht gleich Einladung

Die Einladungskarte bietet die Chance, mit Witz und Kreativität auf die Besonderheiten Ihres Fests hinzuweisen. Die Gäste erfahren, an welche Vorschriften sie sich halten müssen (vor allem bei Veranstaltungen in Parks und an öffentlichen Stränden) und werden auf das Motto eingestimmt. Der Gastgeber erkundigt sich auch nach individuellen Befindlichkeiten wie Nahrungsmittelallergien etc. Farbe, Stil und Wortlaut der Einladung geben den Gästen einen Vorgeschmack auf die Party, die Sie planen. Fachgeschäfte bieten eine Vielzahl unterschiedlichster Einladungskarten an, doch was mich und meine Hunde betrifft, so stellen wir sie lieber selber her. Mit Bastelpapier, Hundeaufklebern, Farbstiften und Konfetti sind Sie dabei – es gibt unendlich viele Möglichkeiten für individuell gestaltete Einladungen. Ein kleiner Eimer mit schadstofffreier, wasserlöslicher Farbe aus dem Baumarkt oder einem Fachgeschäft für Künstlerbedarf genügt – und schon können Sie Ihre Einladungen mit einem Original-Pfotenabdruck schmücken! Oder Sie legen ein nettes Bild vom einladenden Hund und einem Hundekuchen bei, damit Ihren Gästen das Wasser im Mund (Maul) zusammenläuft. Außerdem gibt es in vielen Papiergeschäften sowie den entsprechenden Abteilungen der Kaufhäuser Dekopapiere, Aufkleber, Zitate und andere hübsche Kleinigkeiten mit Hundemotiven, die bestens für Einladungen geeignet sind.

Also entwerfen Sie mit Spaß und Fantasie Ihre eigenen Einladungen – und denken Sie daran, dass das auch eine tolle Beschäftigung für Kinder ist. Was nicht fehlen darf, sind...

- die Namen der Gastgeber und des Geburtstagshundes oder Ehrengastes
- der Anlass der Party
- die Anschrift der Gastgeber, einschließlich – falls nötig – Wegbeschreibung mit Anfahrtsskizze
- Datum, Wochentag, Beginn und Dauer der Party (gegebenenfalls mit Ausweichtermin für den Fall, dass das Wetter nicht mitspielt)
- Telefonnummer und E-mail-Adresse für die Rückantwort. (Ohne die geht's meistens nicht. Schon wegen der benötigten Futtermenge müssen Sie rechtzeitig wissen, wie viele Teilnehmer zu erwarten sind. Gegebenenfalls empfiehlt es sich auch, einen Termin für die Antwort zu setzen.)

Einladungen sollten vier bis sechs Wochen im Voraus verschickt werden. Ein Hunde-Kalender ist voller Pflichttermine, sodass für gesellschaftliche Anlässe oft nicht mehr viel Zeit bleibt (nur Katzen sind noch aktiver). Wenn die Zusagen eintrudeln, stellt sich bald heraus, wie viel Futter Sie vorbereiten oder bestellen müssen. Desgleichen

wissen Sie, wie viele Partyhüte, Geschenktüten oder Preise für Spiele zu besorgen sind. Denn Hand aufs Herz: Welches Fest kommt ohne Spiele aus? Ich vergebe am liebsten Preise an die Sieger – und »für den besten Versuch, zu gewinnen«. Denken Sie daran, dass alle Vierbeiner Sieger sind und keiner mit leeren Pfoten nach Hause gehen sollte. Hier ein paar Vorschläge:

- Bilderrahmen mit Hundemotiven
- Geschenkgutschein für eine Hundebäckerei (siehe Bezugsquellen) oder ein Zoogeschäft
- Tennisbälle oder Frisbee-Scheiben
- Geschenktüte mit gesunden Leckereien
- Wasserflasche mit Trinknapf für unterwegs
- Quietschenten oder ähnliches Spielzeug
- Hundeamulette fürs Halsband
- Geschenkgutschein für den Hundecoiffeur o. ä.

Sie sehen, es gibt Geschenke und Preise in Hülle und Fülle, wenn Sie Ihrer Fantasie freien Lauf lassen. Jeder Gast solle als Gewinner nach Hause gehen – warum also nicht ein persönliches Andenken für jeden? Fotografieren Sie zum Beispiel die Hunde bei Spiel und Spaß und schicken Sie den Frauchen und Herrchen die Bilder zu. Ein stolzes Lächeln auf deren Mienen ist Ihnen gewiss! Fotos lassen sich auch leicht mit einem kleinen Dankschreiben kombinieren (am besten von Hund zu Hund!).

Aber zurück zu den Spielen, die schlicht und einfach dazugehören. Jeder Hund spielt gerne. Abgesehen davon gibt es kaum eine bessere Methode, ein paar Kalorien zu verbrennen sowie Hunde und Hundehalter einander näher zu bringen, als gut organisierte Gruppenaktivitäten ...

Besonders beliebt ist der **SCHLABBER-KUSS**. Alle Hunde und Hundehalter versammeln sich, und den Vierbeinern wird »Sitz!« befohlen. Sie, der Spielleiter, halten die Stoppuhr bereit. Auf Ihr Zeichen hin hocken sich die Herrchen und Frauchen zu ihren Tieren und geben diesen zu verstehen, dass sie geküsst werden wollen. Der Spielleiter stellt fest, wer den schlabbrigsten Kuss bekommt und wie lange der längste Kuss gedauert hat. Und – bitte! – vergessen Sie den Fotoapparat nicht! Der Schlabberkuss ist ein großer Jux.

Auch der **LECKERBISSENJÄGER** kommt immer gut an, vor allem bei jungen Hunden. Ihre (menschlichen) Gäste werfen den Hunden kleine Brocken zu – und wer die meisten aus der Luft schnappt, ist Sieger. Legen Sie vorher die Entfernung zwischen Werfer und Fänger fest. Nach jedem erfolgreichen Versuch machen Herrchen oder Frauchen einen großen Schritt rückwärts, sodass die Entfernung zum hungrigen Hund wächst. Hunde, die die Bissen nicht mehr erwischen, scheiden aus, die anderen machen weiter bis zum ersten Fehlversuch. Gewinner ist das Paar, das über die größte Distanz erfolgreich ist.

SITZ! BLEIB! Dieses Spiel verlangt vom Hund große Disziplin und Konzentration. Herrchen befiehlt »Sitz!« und gibt seinem Hund zu verstehen, dass er sich nicht mehr von der Stelle rühren soll. Sieger ist, wer am längsten durchhält. Um die Spannung (und die Anforderungen) zu erhöhen, versuchen Sie, die Tiere abzulenken. Erste Prüfung: Sie gehen mit einem Leckerbissen in der Hand an den Hunden vorbei – worauf garantiert schon die ersten Kandidaten ausscheiden. Dann fordern Sie die Halter auf, sich schrittweise von den Hunden zu entfernen oder im Kreis um sie herumzugehen – auch dies wird für manche Tiere zur Versuchung. Aber es gibt immer noch ein paar Unentwegte, die standhaft bleiben – lassen Sie einen Tennisball an ihnen vorbeirollen oder -hüpfen. Oder nehmen Sie eine Quietschente und drücken ihr vor den Hunden auf den Gummibauch. Dieses Spiel macht viel Spaß – und ist ein guter Konzentrationstest, auch für den Ernstfall, denn das gehorsame Befolgen von Sitz! und Bleib! kann in kritischen Situationen im realen Leben von entscheidender Bedeutung sein.

FRISBEE ist ein tolles Spiel, wenn die Party im Freien stattfindet und sich unter den geladenen Vierbeinern auch Vertreter besonders lebhafter Rassen befinden. Welcher Hund fängt die Scheibe, die am höchsten fliegt, welcher schnappt die meisten Scheiben hintereinander? Oder wie wär 's mit einem **DACKELRENNEN**? Oder einem Basset-Gewatschel, falls das besser zur

Gästeliste passt? Das Einzige was man dazu braucht, sind eine Start- und eine Ziellinie. Wenn Sie wollen, können Herrchen und Frauchen ihre Dackel (oder natürlich auch andere Hunde) mit Leckerbissen oder einem Stoffhasen locken.

Keiner besonderen Vorkenntnisse oder Konzentrationsanstrengungen bedarf der **PARTNERLOOK**. Sie müssen lediglich bereits in der Einladung darauf hinweisen, dass Frauchen (Herrchen) und Hund möglichst gleich gekleidet sein sollen. Der gelungenste Auftritt wird prämiert! So können sich alle entsprechend vorbereiten und mit »baugleichen« Kopftüchern und Haarreifen oder sogar in themenbezogenem Outfit bei Ihnen eintrudeln. Der »Partnerlook« ist ein urkomisches Vergnügen.

Nach demselben Prinzip funktionieren auch **ANDERE WETTBEWERBE**: Setzen Sie kleine Preise aus für den süßesten Hund, den kürzesten Hund, den längsten Hund, den Hund mit dem längsten Schwanz, den Hund mit den längsten oder den spitzesten Ohren. Am besten finden Sie für jeden Teilnehmer eine passende Kategorie, sodass am Ende jeder mit einem Siegerpreis nach Hause geht.

So gelingt die Hundeparty

Es empfiehlt sich, zumindest eine ungefähre Vorstellung vom Ablauf der geplanten Party zu haben. Hier ein Beispiel für ein Zwei-Stunden-Event an einem beliebigen Ort:

BEGRÜSSUNG UND EINFÜHRUNG Die menschlichen Gäste werden begrüßt und einander vorgestellt. Die Hunde bleiben noch angeleint und dürfen sich beschnüffeln; sobald sie miteinander vertraut sind, können sie von der Leine gelassen werden. Geben Sie Herrchen und Frauchen einen kleinen Leckerbissen als Belohnung für den Hund und zeigen Sie ihnen den »Festplatz«. Jeder Gast muss wissen, wo die Ruhezone ist und wo die Hundebeutel liegen. Ein kleiner Begrüßungstrunk wird gereicht, die Bar mit den Erfrischungen und das Büffett für die Hunde präsentiert.

Ein besonderes Vergnügen für die Gäste – und eine unvergessliche Erinnerung an Ihr Fest – ist das sogenannte »Pfotenbild«. Hier zeigt sich das künstlerische Genie der Vierbeiner. Holen Sie sich im Schreibwarengeschäft gutes Papier sowie eine ungiftige, wasserlösliche Farbe und schreiben Sie den Namen des Hundes und das Datum Ihrer Party auf ein leeres Blatt. Sobald sich der Hundegast dann ein bisschen mit der neuen Umgebung vertraut gemacht hat, lassen Sie ihn mit der Pfote in einen Teller mit Farbe steigen – nicht zu viel, es genügt ein dünner Überzug – und drücken dann das Papier auf die Pfote. Überflüssige Farbe wird mit Küchenpapier (und ein bisschen Wasser, falls erforderlich) abgetupft. Zum Schluss legen Sie das Papier an einer Stelle aus, wo es trocknen und das Kunstwerk von den Zweibeinern bewundert werden kann.

Und nun können auch schon die ersten Spiele beginnen.

FESTTAGSKUCHEN UND FOTOTERMIN

Alle Gäste versammeln sich um den Ehrengast bzw. Geburtstagshund. Während alle »Happy Birthday« singen und der Geburtstagshund genüsslich am Festtagskuchen schleckt, können die Fotografen nach Herzenslust Bilder schießen.

Soll mit der Party der erfolgreiche Abschluss der Hundeschule gefeiert werden, empfehlen sich Gruppenfotos mit allen Absolventen. Allein schon sämtliche Kandidaten dazu zu bringen, sich zu setzen, auch ohne Herrchen sitzen zu bleiben und obendrein noch kameragerecht zu lächeln, ist ein Abenteuer für sich. Lassen Sie kurz vor der Aufnahme jemanden, der hinter dem Fotografen steht, auf eine Quietschente oder ein anderes geräuschvolles Spielzeug drücken – und schon haben Sie ein perfektes Bild der Schulabgänger: Alle blicken aufmerksam in die Kamera.

Nach dem Gruppenfoto ist es an der Zeit, den Geburtstagskuchen anzuschneiden. Teilen Sie das edle Backwerk in bissgerechte Stücke auf und legen Sie es jedem Hund individuell auf einen eigenen Teller, vielleicht noch dekoriert mit einem Spielzeug oder einem Hundedrink Ihrer Wahl. Mit den kleinen Stücken verhindern Sie, dass die »Schlinger« unter ihren Hundegästen an zu

großen Brocken ersticken. Reichen Sie die gefüllten Teller an die Herrchen und Frauchen weiter, damit diese ihre Tiere selbst versorgen können. Achten Sie darauf, dass zwischen den fressenden Hunden ausreichend Platz bleibt; Sie vermeiden auf diese Weise Anfälle von Futterneid mit den entsprechenden Aggressionen. Auch für einen Nachschlag sollte gesorgt sein – lassen Sie ein kleines Tablett mit Hundekuchen herumgehen. Und an stets gefüllte Trinknäpfe sollten Sie natürlich auch denken.

GESCHENKE UND PREISE

Was wäre eine Party ohne Geschenke und Preise? Nach dem (Fr)Essen ist die Zeit der Preisverleihungen für die Sieger in den diversen Wettkämpfen gekommen. Lassen Sie sich was einfallen – Sie wissen ja, *jeder* Hund verdient einen Preis!

Während der Geburtstagshund oder der Ehrengast seine Geschenke öffnet, sollte ein (vorher festgelegter) Helfer aufschreiben, was von wem stammt. So können Sie sich später quasi von Hund zu Hund bedanken (vergessen Sie nicht, dem Brief ein Foto beizulegen, das den Empfänger beim Feiern zeigt).

Besonders nett ist, wenn Sie zum Abschied allen Teilnehmern eine kleine Geschenktüte mit auf den Weg geben. Sie kann kleine, selbstgebackene Naschereien enthalten. Auch eine persönliche Grußkarte wäre denkbar: »Schön, dass Ihr dabei wart.« Schwanz wedelnd und zufrieden hechelnd werden die Vierpföter den Heimweg antreten …

Eine Hundeparty kann auch die Katze des Hauses be-
glücken! Bei einem kleinen privaten Treffen zwischen
Hund und Katze empfehlen sich Leckerbissen aus der
Fischküche – die schmecken beiden. Ein Rezept für
Lachsbällchen findet sich auf S. 35.

KAPITEL 2

Backen für den Hund

Gesunde, natürliche Vollwertkost aus kontrolliert biologischem Anbau – das ist der Schlüssel für alle potenziellen Hundebäcker! Frische Nahrungsmittel sind seit jeher ein wesentlicher Bestandteil der menschlichen Esskultur, und für die Hausmannskost unserer Hunde gilt genau das Gleiche. Getreide und andere Zutaten kaufen Sie daher am besten im Naturkostladen oder in der Bio-Abteilung Ihres Supermarkts. Wenn Sie sich selber von Naturprodukten aus biologisch-dynamischem Anbau ernähren, können Sie auch bei den folgenden Rezepten für Ihren Vierbeiner ohne Weiteres Produkte entsprechender Herkunft verwenden.

Wer sein Hundefutter selbst herstellt, hat die Garantie, dass es keine Chemikalien, Konservierungsstoffe, Nahrungsergänzungsmittel oder andere Fremdstoffe enthält – das ganze ungesunde Zeug, Sie wissen schon – , sondern ausnahmslos Gesundes: Getreide, Früchte, Gemüse, Kräuter und mageres Fleisch. In kommerziellem Hundefutter kann dagegen Fleisch enthalten sein, das für den menschlichen Genuss nicht mehr zugelassen ist und in die Tierfutterproduktion abgeschoben wurde. Auch bestimmte Schlachtabfälle wie Hühnerschnäbel und -füße sowie Federreste und Ähnliches gelten als ungenießbar – und damit als Nebenprodukte, die Tierfutter beigemischt werden. Wir Menschen wollen mit solchen Zutaten definitiv nichts zu tun haben – und wir wollen auch nicht, dass unsere Lieblinge sie fressen. Beim Getreide sieht es übrigens ähnlich aus: Was die Mühlen als ungeeignet für den menschlichen Verzehr aussortieren, darf teilweise in der Tierfutterproduktion verwendet werden. Abfallprodukte dieser Art sind jedoch allenfalls als Füllstoffe anzusehen und haben keinen oder nur sehr wenig Nährwert. Mit diesen Informationen im Hinterkopf wird verständlich, wie wichtig frische Zutaten in der eigenen Hundeküche sind. Außerdem schlägt sich die Auswahl auch in den Düften nieder, die bei der Zubereitung entstehen. Nur so bleiben Koch- und Essenszeit eine schöne Zeit. Bei mir zu Hause weiß ich wirklich nicht, wem das

Kochen und Backen mehr Spaß macht – meinen Hunden oder mir!

Schokolade ist tabu

Absolut tabu ist Schokolade. Sie kann für Hunde sehr giftig sein. Hundemägen sind nicht imstande, das in der Schokolade enthaltene Theobromin aufzuspalten, sodass es zu einer Dysfunktion der Bauchspeicheldrüse kommen kann. Am gefährlichsten sind Block- und Zartbitterschokolade, während Milchschokolade aufgrund ihres Milchanteils den Stoffwechsel weniger stark beeinträchtigt.

In vielen Rezepten wird Carob als Zutat genannt. Ersetzen Sie es nicht durch Schokolade! Carob ist ein Produkt des Johannisbrotbaums aus dem Mittelmeerraum, das weder Kakao noch Koffein enthält und beim Backen als Schokoladenersatz verwendet werden kann. In Naturkostläden

und Reformhäusern ist Carob in Pulver-, Streusel- oder Chipform erhältlich.

Verzichten sollte man meiner Ansicht nach auch auf Zucker, Salz, Gewürze und Soßen, die als »Geschmacksverstärkung« und zur Dekoration für die menschliche Ernährung entwickelt wurden. Lebensmittelfarben sind ebenso überflüssig. Zwiebeln können bei manchen Hunden zu Anämie führen und haben daher im Hundefutter aus der eigenen Küche nichts zu suchen. Die Farbe ihres Futters ist unseren treuen Begleitern egal – Hauptsache, es schmeckt!

In einigen Kuchen- und Biskuitrezepten in diesem Buch wird nach Backpulver und/oder Backnatron verlangt. Wenn Sie diese Zutaten nicht vorrätig haben, ist das nicht schlimm – allerdings werden die Backwaren ohne diese beiden Treibmittel am Ende ziemlich hart. Hunde brauchen es generell nicht so saftig und locker – schließlich sind sie »Kaumaschinen«. Während wir Menschen uns an solchem Gebäck die Zähne ausbeißen würden, freuen sich unsere vierbeinigen Freunde sogar oft über harte Nahrung und das damit verbundene Kauvergnügen. Bedenken Sie aber, dass Sie weniger Portionen bekommen, wenn Sie auf Backpulver verzichten.

Besondere Zutaten

Viele Hunde fressen gerne Obst, insbesondere Äpfel. Es gibt zahlreiche Apfelsorten, darunter Red Delicious, Golden Delicious

und Granny Smith. Diese Sorten sind allesamt in Ordnung und normalerweise auch leicht erhältlich. Der säuerliche Geschmack eines Granny Smith, der vielen Menschen zusagt, ist bei Hunden jedoch in der Regel weniger beliebt, wie generell alle herben oder sauren Äpfel (das Gleiche gilt auch für andere Früchte mit diesen Eigenschaften). Probieren Sie einfach aus, welches Obst Ihrem Hund am besten schmeckt – und wundern Sie sich nicht, wenn er die sauren Sorten verschmäht.

Ähnlich wie bei Menschen gibt es auch bei Hunden eine kleine, aber durchaus nicht zu unterschätzende Anzahl von Individuen, die auf bestimmte Nahrungsmittel allergisch reagieren. Zu den üblichen Auslösern zählen Getreide, minderwertiges Fleisch oder dessen Nebenprodukte, dazu Weizen, Mais und Soja. In manchen Fällen kommt es zu Allergien durch Anreicherung, wenn der Hund über einen Zeitraum von mehreren Jahren zu viel von dem einen oder anderen Nahrungsmittel erhalten hat. Ganzheitlich behandelnde Tierärzte plädieren daher dafür, die Zusammensetzung der Ernährung in regelmäßigen Abständen zu verändern, damit das verfütterte tierische Eiweiß aus verschiedenen Quellen kommt. Gibt es Anlass zu der Vermutung, dass ein Hund, den Sie mit etwas Selbstgebackenem verwöhnen möchten, ein Allergieproblem hat, bitten Sie seinen Besitzer rechtzeitig um möglichst präzise Hinweise. So können Sie Vorsorge treffen und beim Kochen oder Backen auf die entsprechenden Allergene verzichten. Liegt zum Beispiel eine Weizenallergie vor, backen Sie eben mit Roggenmehl – usw.

Die in diesem Buch vorgestellten Rezepte beschreiben *besondere Leckerbissen*, nicht normales Hundefutter. Die Gerichte sind fettarme Zusatzkost, die dem Wohlbefinden Ihres Hundes dient. Wenn Sie Fragen oder Bedenken hinsichtlich der Zutaten haben, empfiehlt sich im Zweifelsfall ein Gespräch mit Ihrem Tierarzt. Bestimmte Zutaten (Obst, Gemüse, Nüsse) kommen in vielen Rezepten vor – sie gehören nämlich zu den Lieblingsspeisen meiner Hunde. Sie können aber jederzeit auch jene Obst-, Gemüse- oder Fleischsorten verwenden, die *Ihrem* Liebling besonders gut schmecken. Schließlich wollen alle Bedürfnisse, Wünsche und Gelüste befriedigt werden – und Spaß machen soll es auch!

Den vielen wunderbaren Hunden, die bald in den Genuss dieser frischen Köstlichkeiten aus Ihrer Küche kommen werden, wünsche ich besten Appetit!

Hunde sind Allesfresser. Sie lieben Fleisch, Obst, Gemüse, Sandalen, Socken, Sessel, Toilettenpapier – nun, Sie wissen schon…

KAPITEL 3

Für den kleinen Hunde-hunger: Appetithäppchen

Ein besonderer Tag oder Abend steht bevor? Was gibt es Besseres als ein Entrée mit delikaten Appetithäppchen! Die Stimmung steigt, die Schwänze wedeln – und genau das wollen wir ja erreichen! Und wenn Sie (vierbeinige) Gäste haben: Nichts fördert die Kommunikationsbereitschaft so sehr wie der gemein-same Genuss eines verführerischen, schmackhaften Häppchens. Geben Sie Herrchen oder Frauchen eine Kostprobe zum Weiterreichen an ihren Hund, der viel-leicht ein bisschen vorsichtig ist, weil er sich in der un-gewohnten Umgebung noch nicht so recht sicher fühlt. Ein Leckerbissen kann da Wunder wirken.

Welchen Hund Sie auch fragen – er wird Ihnen zu ver-stehen geben, dass (Hunde-)Liebe durch den Magen geht.

Lachsbällchen

ZUTATEN

- 420 g Wildlachs aus der Dose, abgetropft und entgrätet
- 1 Ei, leicht geschlagen
- 1 geriebene Karotte
- 1 Esslöffel frisch gehackte Petersilie
- 1 Esslöffel geriebener Knoblauch
- 30 g gehackter Spinat (gut ausgedrückt)
- 115 g fettarmer Joghurt
- 125 g Roggenmehl
- 1 Esslöffel (15 ml) Rapsöl (oder Ihr Lieblingsöl)

ZUBEREITUNG

Backofen auf 190 °C vorheizen.

Alle Zutaten in einer mittelgroßen Schüssel gut mischen und 1 Stunde lang im Kühlschrank ruhen lassen.

Den Teig mit bemehlten Händen zu Bällchen mit ca. 2,5 cm Durchmesser rollen.

Bällchen auf ein leicht gefettetes Backblech legen und ca. 20 Minuten lang backen (Test: Sie sollten sich fest anfühlen).

Die fertigen Bällchen in einem verschlossenen Behälter im Kühlschrank aufbewahren. Sie können 1 Tag vor dem Verzehr zubereitet werden. Vor dem Servieren im Backofen 10 Minuten bei 190 °C aufwärmen.

Nicht in die Mikrowelle geben. Mikrowellenherde wärmen ungleichmäßig; es können heiße Stellen entstehen.

◼

Ich verwende bei diesem Rezept grundsätzlich Roggenmehl, damit Hunde, die gegen andere Mehlsorten allergisch sind, keine Probleme bekommen. Wenn Sie wollen, können Sie aber auch Weizenmehl verwenden.

Ergibt ca. 35 Lachsbällchen (je nach Größe).

Alle Vierbeiner gehen meilenweit für diese Lachsbällchen, geben Pfötchen und/oder schlagen sogar Purzelbäume. Und wundern Sie sich nicht, wenn auch mal Zweibeiner davon naschen – bei so frischen Zutaten…

Henri meint …

Wenn vor allem kleine Hunde kommen, sollten auch die Bällchen kleiner ausfallen. Dafür gibt es dann noch mehr Leckerbissen! Oder noch besser: Die Bäckerin/der Bäcker rollt unterschiedlich große Bällchen und überlässt uns Hunden die Auswahl.

Parmesan-Chips

ZUTATEN

— 60 g geriebener Parmesan

ZUBEREITUNG

Backofen auf 200 °C vorheizen.

1 gehäuften Esslöffel Parmesan auf ein Backpapier geben und leicht andrücken, bis eine Art »Plätzchen« entsteht. Mit dem übrigen Käse ebenso verfahren. Die Abstände zwischen den einzelnen Chips sollten etwa 1,5 cm groß sein.

Backzeit: 5 Minuten – oder bis die Chips goldbraun sind. In einem geschlossenen Behälter im Kühlschrank aufbewahren.

Ergibt 8 Käsechips.

Henri meint...

Vorsicht: Diese Leckerlis sind ziemlich zerbrechlich. Damit nichts passiert, sollte Frauchen zwischen jede Schicht in der Dose einen Bogen Butterbrotpapier legen.

»Tut mir leid, hatte gerade Käseduft in der Nase – hast du gesagt ›Bitte lächeln‹?«

Hunde-Rohkost mit Kräuterdip

ZUTATEN

Kräuterdip

- 230 g fettarmer Joghurt
- 1 fein gehackte Knoblauch-zehe
- 2 Esslöffel (8 g) gehackte Minze
- 2 Esslöffel (8 g) gehackte Petersilie

Gemüse

- 16 geputzte grüne Bohnen
- 16 Babykarotten
- 2 kleine Zucchini, längs geviertelt und in 5 cm lange Stücke geschnitten
- 2 kleine gelbe Squash-Kürbisse, längs geviertelt und in 5 cm große Stücke geschnitten
- 1 Süßkartoffel
- 1 Esslöffel (15 ml) Rapsöl (oder Ihr Lieblingsöl)

Kein Hund, der auf sich hält, wird gegen dieses vegetarische Hors d'œuvre etwas einzuwenden haben.

ZUBEREITUNG

Kräuterdip

Knoblauch und Kräuter mit dem Joghurt verrühren und in einem verschließbaren Gefäß im Kühlschrank aufbewahren.

Gemüse

3 l Wasser zum Kochen bringen. Grüne Bohnen und Karotten 2 Minuten lang blanchieren, dann das Gemüse mit dem Schaumlöffel

Das Gemüse wird mit dem Schaumlöffel herausgenommen.

herausnehmen und in eisgekühltes Wasser tauchen (dadurch bleibt das Gemüse knackig). Bohnen und Karotten auf Küchenpapier abtropfen lassen.

Zucchini- und Kürbisstücke 1 Minute lang in kochendem Wasser blanchieren, dann mit dem Schaumlöffel herausnehmen, in eisgekühltes Wasser tauchen und auf Küchenpapier abtropfen lassen.

Die Süßkartoffel mehrfach mit der Gabel anstechen und 2 Minuten bei starker Hitze in der Mikrowelle garen. Nach dem Abkühlen schälen, in ca. 8 × 1,5 cm große Stücke schneiden, in eine Schüssel legen und mit Pflanzenöl beträufeln. Die »Fritten« werden in einem verschlossenen Gefäß aufbewahrt.

Ein anderes Gefäß mit einem Küchentuch auslegen, das die Restfeuchtigkeit aufsaugt. Zucchini, Kürbis, grüne Bohnen und Karotten hineinlegen – und der Gemüsetopf verschwindet im Kühlschrank. Vor dem Servieren das Gemüse mit dem Dip auf einer Platte anrichten.

Ergibt 8–10 Portionen.

Spinat-Quiche als Amuse-gueule

ZUTATEN

- 10 Eier
- 60 g Vollweizenmehl
- 280 g Tiefkühlspinat, aufgetaut und gut abgetropft
- 60 ml Pflanzenöl
- 480 g fettarmer Hüttenkäse
- 240 g fettarmer, geriebener Cheddar-Käse
- 120 g geriebener Parmesan

ZUBEREITUNG

Backofen auf 190 °C vorheizen.

Eier in einer großen Schüssel schlagen. Erst das Mehl einrühren, dann den Spinat, das Öl und die drei Käsesorten. Die Mischung in eine 3 l fassende Backform geben und 35 Minuten lang backen. Herausnehmen, 20 Minuten abkühlen lassen und in Quadrate von ca. 5 cm Seitenlänge schneiden.

Ergibt 40 kleine Vorspeisen oder Zwischenmahlzeiten.

■

Dieses Rezept ist ein beliebter Snack für den Feierabend. Reste? Die Quiche-Stücke lassen sich problemlos im Kühlschrank aufbewahren oder einfrieren.

Henri meint ...

Sag Frauchen oder Herrchen, dass es sehr wichtig ist, den Spinat gut abtropfen zu lassen, bevor man ihn mit den anderen Zutaten vermengt. Am besten gibt man ihn in ein Sieb und drückt das Wasser mit einem Löffel aus.

Welpen spielen manchmal bis zum Umfallen. Sie brauchen eine Ruhezone, wo sie ein bisschen dösen können. Dann sind sie wieder fit – für die nächste Runde.

Leberpastete

ZUTATEN

- 500 g Hühnerleber
- 3 gehackte Knoblauchzehen
- 3 Esslöffel (12 g) gehackte Petersilie

ZUBEREITUNG

In einem großen Topf 1 ½ Liter Wasser zum Kochen bringen, die Hühnerleber hinzufügen und im zugedeckten Topf 15 Minuten köcheln lassen (oder bis sich die Leber innen leicht rosa färbt). Die Leber trockentupfen und in der Küchenmaschine zerkleinern, bis sie eine weiche Masse bildet. Diese in eine große Schüssel geben, Knoblauch und Petersilie hinzufügen und alles gut mischen. Pastete in eine Servierschüssel füllen und abgedeckt in den Kühlschrank stellen.

Die Pastete sollte eine halbe Stunde vor dem Servieren aus dem Kühlschrank genommen werden. Einen Teller mit dünnen Hundekuchen und Apfelscheiben dekorieren, in die Mitte die Schüssel mit der leckeren Pastete stellen.

Ergibt 500 g.

Leber ist ein Hochgenuss! Jeder Vierbeiner wird um diese fleischige Pastete betteln!

Italienische Käsetäschchen

Schon während Sie diese leckeren Täschchen zubereiten und in den Ofen schieben, können Sie sich mit Ihrem Vierbeiner auf eine ganz besondere Delikatesse freuen.

ZUTATEN

Käsefüllung

- 120 g fettarmer Ricotta-Käse
- 30 g geriebener Parmesan
- 1 Esslöffel (4 g) gehackte Petersilie

Teig

- 250 g Mehl
- 18 g Maismehl (weiß oder gelb)
- ½ Esslöffel (8 ml) Rapsöl (oder Ihr Lieblingsöl)
- 175 ml Wasser

Gemüsefüllung

- 20 g Pilze, geputzt und in Scheiben geschnitten
- 20 g luftgetrocknete, in Öl eingelegte Tomaten, gut abgetropft und in 3–6 mm dünne Stücke geschnitten
- 2 Esslöffel (30 ml) Milch

ZUBEREITUNG

Backofen auf 180 °C vorheizen.

2 Backbleche einfetten.

Parmesan, Ricotta und Petersilie in einer kleinen Schüssel verrühren und beiseite stellen.

In einer größeren Schüssel alle Teigzutaten verrühren und auf einer mit Mehl bestäubten Oberfläche kneten.

Den Teig auf einer mit Mehl bestäubten Oberfläche ausrollen, bis er 3–6 mm dünn ist. Mit einer Plätzchenform Kreise ausstechen (ca. 5 cm Durchmesser). Auf jeweils eine Hälfte der ausgestochenen Form einen Teelöffel Käsemischung, ein Stück Pilz und ein Stückchen getrocknete Tomate platzieren, die andere Hälfte darüberlegen und die Ränder mit den Zinken einer Gabel verschließen.

Die gefüllten Käsetäschchen auf die vorbereiteten Backbleche legen, auf der Oberseite mit einer Gabel anstechen und mit Milch bepinseln.

Backzeit: 20 Minuten oder bis die Käsetäschchen goldbraun sind.

Käsetäschchen vom Blech nehmen und auskühlen lassen.

Ergibt ca. 28 Käsetäschchen.

■

Sie können das Thema Italien noch vertiefen, indem Sie zu diesen Leckerbissen einen einfachen Tomatendip servieren. Vermischen Sie in einem kleinen Topf 240 g Tomatenmark, 2 klein gehackte Knoblauchzehen und 1½ Esslöffel (6 g) frische gehackte Petersilie. Lassen Sie die Mischung kurz aufkochen und dann 10 Minuten lang zugedeckt bei schwacher Hitze köcheln. Etwas abkühlen lassen und zu den Käsetäschchen servieren.

Im Gespräch mit anderen Hundehaltern kann man eine Menge über die verschiedenen schönen Rassen erfahren – über die weit verbreiteten ebenso wie über die seltenen.

Henri meint . . .

Sie können diese »Täschchen« natürlich auch anders füllen, ganz nach Belieben. Ich persönlich schwärme für Füllungen mit gehacktem Puten-, Hühner- oder Rindfleisch, geriebenen Karotten oder blanchiertem Spinat. Verwöhnen Sie Ihren Liebling mit seinen Leibgerichten!

Apfel mit Erdnussbutter-Käse-Bällchen

ZUTATEN

Käsefüllung

- 230 g Frischkäse (Zimmer-temperatur)
- 130 g Erdnussbutter mit Stücken aus kontrolliert biologischem Anbau
- 1 Apfel (Red oder Golden Delicious)
- 30 ml Zitronensaft

ZUBEREITUNG

Mit einem Handmixer oder Schneebesen den Frischkäse und die Erdnussbutter gut miteinander verrühren.

Den Apfel halbieren, entkernen und in 12 Spalten teilen. In Zitronensaft tauchen, damit sie nicht braun werden. Käsemischung mit einem Kugelausstecher oder einem kleinen Löffel auf die Apfelspalten auftragen.

Fertige Spalten auf eine Platte legen und mit beliebigem Dip servieren.

Ergibt 250 g.

Ein Apfel am Tag hält einem den (Tier-) Arzt vom Leib, sagt man in England. Mit Erdnussbutter-Frischkäse-Dip rutscht diese »Medizin« noch besser.

Lachshäppchen

Bei dieser kulinarischen Köstlichkeit weiß jeder Hund, dass er auf der »Bell-Etage« angekommen ist.

ZUTATEN

- 420 g Wildlachs aus der Dose, abgetropft und entgrätet
- 1 Stange fein gehackter Sellerie
- 115 g fettarmer Joghurt
- 1 Esslöffel (4 g) frisch gehackte Petersilie
- 2 gehackte Knoblauchzehen
- Spinatblätter (nach Belieben)

ZUBEREITUNG

Alle Zutaten in einer mittelgroßen Schüssel gründlich vermengen. Soll's cremiger werden, fügen Sie etwas mehr Joghurt hinzu.

Aus der Mischung einen Fisch formen und die Platte mindestens 1 Stunde lang in den Kühlschrank stellen.

Den Aufstrich zu frischen Brötchen oder Crackern servieren. Er schmeckt auch hervorragend zu den Parmesan-Chips (siehe S. 36).

Ergibt 18–20 Portionen.

Henri meint...

Wenn Ihnen der Sinn nach einem bestimmten Motto steht, können Sie dem Aufstrich auch eine andere, themenbezogene Gestalt geben. Schlagen Sie die Auflaufform mit einer Klarsichtfolie aus, dann bleibt die Masse in Form und lässt sich leichter auf der Servierplatte anrichten. Ein paar Spinatblätter auf dem Plattenrand sorgen für zusätzliche Farbe.

Vierbeiner sind nicht ständig nur verfressen und hinter irgendwelchen Leckerbissen her. Bewegung und Auslauf an der frischen Luft machen ihnen genauso viel Spaß. Auch wenn das hier natürlich kein Lachs ist...

Lachslaibchen mit Süßkartoffeln

ZUTATEN

- 420 g Wildlachs aus der Dose, entgrätet und abgetropft
- 1 Esslöffel gehackter Knoblauch
- 2 Esslöffel (8 g) getrockneter Oregano (in 2 Portionen)
- 2 Esslöffel (8 g) frisch gehackte Petersilie (in 2 Portionen)
- 1 Ei, leicht verquirlt
- 65 g Roggenmehl
- 30 g gehackter Spinat, gut ausgedrückt
- 2 große Süßkartoffeln

ZUBEREITUNG

Die Süßkartoffeln bei 220 °C im Ofen backen, abkühlen lassen, schälen und in ca. 6 mm breite Scheiben schneiden.

Lachs, Knoblauch, 1 Esslöffel (4 g) Oregano, 1 Esslöffel (4 g) Petersilie, Ei, Mehl und Spinat in eine große Schüssel geben, mischen und 1 Stunde lang kühl stellen.

Backofen auf 200 °C vorheizen.

Den restlichen Oregano und die restliche Petersilie auf einem Bogen Butterbrotpapier mischen. Die Lachsmischung zu 4 etwa 10 cm langen und 2,5 cm dicken Laibchen formen und in den Kräutern wälzen. Die fertigen Laibchen auf ein leicht gefettetes Blech legen und 20 Minuten im Ofen backen. Nach dem Abkühlen in einem geschlossenen Behälter in den Kühlschrank stellen.

Vor dem Servieren die Lachslaibchen in ca. 6 mm dicke Scheiben schneiden und auf die Süßkartoffelplätzchen legen.

Ergibt 60 Lachslaibchen-Scheiben und 20 Scheiben Süßkartoffel.

Fisch, Fisch, Fisch… Diese exzellenten Lachshäppchen auf Süßkartoffelscheiben sind so etwas wie eine hundefreundliche, gesunde Version der bekannten Fish 'n Chips… Lecker schmecken sie auch zu den Parmesan-Chips (siehe S. 36).

Henri meint . . .

Übrig gebliebene Lachslaibchen können eingefroren und bei Gelegenheit als Beigaben oder besondere Leckerlis außer der Reihe Verwendung finden.

Biscotti

Biscotti sind weltweit bekannt und begehrt. Und wissen Sie was? Auch Hunde mögen diese knusprigen Delikatessen!

ZUTATEN

- 65 g Erdnussbutter mit Stücken aus kontrolliert biologischem Anbau
- 115 g pürierter Kürbis
- 60 g Rapsöl (oder Ihr Lieblingsöl)
- 120 ml Wasser
- 2 Eier, leicht verquirlt
- 2 Esslöffel (27,6 g) Backpulver
- 500 g Weizenvollmehl
- 90 g ungesüßte Carob-Chips

ZUBEREITUNG

Backofen auf 180 °C vorheizen. Backblech oder Biscotti-pfanne leicht einfetten.

Erdnussbutter, Kürbis und Öl in eine große Schüssel geben. Wasser und Eier hinzufügen und gut mischen. Backpulver und Mehl in eine mittelgroße Schüssel sieben. Beide Mischungen zusammengeben, gut durchrühren und die Carob-Chips unterziehen.

Den Teig auf eine mit Mehl bestäubte Arbeitsfläche stürzen, kneten und zu einem etwa 40 × 10 × 4 cm großen Laib formen. (Wenn Sie eine Biscottipfanne benutzen, formen Sie den Laib entsprechend und drücken ihn dann in die Pfanne.) Backzeit: 50 Minuten. Biscotti auf einem Gitterrost abkühlen lassen.

Den fertigen Laib mit einem scharfen Messer in ca. 6 mm dicke Scheiben schneiden und auf einem leicht gefetteten Blech weitere 10 Minuten backen.

In einem geschlossenen Behälter im Kühlschrank aufbewahren.

Ergibt 28–30 Biscotti-Scheiben.

»Ich weiß nicht, wie es Ihnen geht, aber ich muss gerade an Kürbisbiscotti denken – und ein bisschen Erdnussbutter darauf wäre auch nicht übel...«

KAPITEL 4

Beliebte Häppchen

Egal, ob Zweibeiner oder Vierpföter – was ein echter Feinschmecker ist, der weiß leckere Kleinigkeiten aus besten natürlichen Zutaten zu schätzen. Vom Gourmetfrühstück mit Toast und verlorenen Eiern über Falschen Hasen mit Tomaten-Kräuter-Sauce, Schwedische Putenklößchen und den herzhaften Mixed-Grill bis hin zu vegetarischer Pizza und Sushi: auf den folgenden Seiten finden Sie leckere Rezepte für jede Geschmacksrichtung, jede Tageszeit und jeden beliebigen Anlass.

Und wenn sich wirklich einmal kein besonderer Grund ausmachen lässt? Kein Problem. Verwöhnen Sie Ihren Liebling ruhig auch einmal außer der Reihe, er hat es sich allein durch seine Treue zu Ihnen verdient!

Putenfrikadellen mit Joghurtdip

ZUTATEN

Dip

- 230 g fettarmer Joghurt
- 2 Esslöffel (8 g) gehackte Minze

Putenfrikadellen

- 450 g durch den Wolf gedrehtes Putenfleisch
- 2 Eier, leicht verquirlt
- 30 g gehackter Spinat, gut ausgedrückt
- 2 Esslöffel (8 g) gehackte Petersilie
- 1 Esslöffel (4 g) gehackte Minze
- 2 gehackte Knoblauchzehen
- 120 g Vollkornhaferflocken
- 125 g Roggenmehl
- 30 g geriebener Parmesan
- 1 Esslöffel (15 ml) Rapsöl (oder Ihr Lieblingsöl)

ZUBEREITUNG

Dip

Joghurt und Minze in einer kleinen Schüssel miteinander verrühren, zudecken und in den Kühlschrank stellen.

Putenfrikadellen

Putenfleisch in einer mittelgroßen Schüssel mit den übrigen Zutaten vermengen. Aus dem Fleischteig Frikadellen formen – ca. 5 cm breit für große Hunde, ca. 2,5 cm breit für kleinere Hunde.

Den Grill anwerfen und auf mittlere Hitze vorheizen. Die Frikadellen grillen, bis sie durch sind (ca. 4 Minuten pro Seite, je nach Größe).

Auf einer Platte anrichten und mit der Minzsoße servieren. Die Soße entweder sofort über die Frikadellen geben oder separat als Dip bereit stellen.

Ergibt 36–42 Frikadellen (je nach Größe).

Die tollsten Spiele kommen abrupt zum Stillstand, wenn gegrillte Putenfrikadellen mit Joghurt-Minz-Soße serviert werden.

Henri meint ...

Uns Hunden gefällt das Grillen unter freiem Himmel genauso gut wie euch Menschen. Wenn das Wetter nicht mitspielt, können Herrchen und Frauchen die Frikadellen auch auf dem Herd zubereiten. Einfach Rapsöl bei mittlerer Hitze in der Bratpfanne erwärmen und die Frikadellen auf beiden Seiten jeweils 3–4 Minuten braten.

Gemüsehäppchen

Auf diese Weise kann man vierbeinigen Lieblingen das tägliche Soll an Gemüse so unterschieben, dass ihnen dabei noch der Speichel im Maul zusammenläuft. »Mmmmmh…«, würden sie sagen, wenn sie reden könnten. Schnell servieren, damit der Pawlowsche Reflex nicht überstrapaziert wird!

ZUTATEN

Plätzchen

- 250 g Mehl
- 2 Teelöffel (9,2 g) Backpulver
- 50 g Pflanzenfett
- 150 ml Milch

Creme

- 230 g Frischkäse (Zimmertemperatur)
- 8 g tiefgekühlter Spinat, aufgetaut und gut abgetropft
- 30 g geriebene Karotten
- 2 gehackte Knoblauchzehen
- 1 Esslöffel (4 g) frische, fein gehackte Petersilie

ZUBEREITUNG

Backofen auf 220 °C vorheizen.

Plätzchen

Backblech leicht einfetten.

Backpulver und Mehl in eine mittelgroße Schüssel sieben und mit einem Rührgerät das Fett untermischen, bis es krümelig wird. Milch hinzufügen und alles zu einem Teig verarbeiten. Den Teig auf einer mit Mehl bestäubten Arbeitsfläche kneten, bis alle Zutaten gut durchgemischt sind.

Teig auf bemehlter Arbeitsfläche ausrollen (Dicke ca. 1,5 cm) und mit einem Förmchen oder einem kleinen Glas Plätzchen von ca. 4 cm Durchmesser ausstechen. Die Plätzchen auf das eingefettete Backblech legen.

Creme

Alle Zutaten gut mischen und in ordentlichen Portionen (nicht zu sparsam!) auf die Plätzchen verteilen. Backzeit: 15 Minuten. Vor dem Servieren auf einem Gitterrost abkühlen lassen.

Entweder gleich servieren oder in einem geschlossenen Behälter im Kühlschrank aufbewahren.

Ergibt ca. 35 Plätzchen.

Nutzen Sie Treffen mit anderen Hunden zu einem Gruppenfoto! Halten Sie nette Augenblicke im Bild fest.

Mixed-Grill

Eine besondere Geschmacksnuance erwünscht? Kochen Sie den Naturreis in Hühnerbrühe aus eigener Herstellung.

ZUTATEN

Naturreis in selbst gemachter Hühnerbrühe

- 190 g ungesalzener Naturreis
- 475 ml selbst gemachte Hühnerbrühe (fertiger Fond aus dem Glas ist nicht geeignet, siehe Tipp S. 61)

Grillfleisch

- ½ Hühnerbrust ohne Haut und Knochen, auf ca. 6 mm Dicke geklopft
- 2 Esslöffel (30 ml) Rapsöl (oder Ihr Lieblingsöl), in 2 Portionen
- 1 Esslöffel (4 g) getrockneter Oregano (in 2 Portionen)
- 2 gehackte Knoblauchzehen (in 2 Portionen)
- 2 Lachsfilets à 60 g
- 1 Rindersteak (110 g)
- 30 g geriebene Karotten zum Garnieren (nach Belieben)

ZUBEREITUNG

Naturreis

Reis entsprechend den Angaben auf der Packung zubereiten (ohne Salz), jedoch statt Wasser selbst gemachte Hühnerbrühe verwenden. In ein luftdichtes Gefäß geben und im Kühlschrank aufbewahren.

Grillfleisch

Hühnerfleisch mit einer Marinade aus 1 Esslöffel (15 ml) Öl, der Hälfte des Oregano und der Hälfte des Knoblauchs bedecken und 30 Minuten ziehen lassen. Grill auf mittlere Hitze stellen und das Fleisch grillen, bis es gerade durch ist (ca. 6 Minuten auf jeder Seite), danach auf einem Schneidebrett 5 Minuten ruhen lassen.

Den Lachs mit Öl bepinseln und grillen, bis er in der Mitte hell zu werden beginnt (ca. 4 Minuten auf jeder Seite), danach auf einem Schneidebrett 5 Minuten ruhen lassen.

Rindersteak in einer Marinade aus 1 Esslöffel (15 ml) Öl sowie dem restlichen Oregano und Knoblauch 30 Minuten ziehen lassen. Das Fleisch ca. 5 Minuten auf der einen und 4 Minuten auf der anderen Seite grillen. Auf einem Schneidebrett 10 Minuten ruhen lassen.

Den Reis erhitzen, in einen leicht eingefetteten Messbecher oder eine Auflaufform drücken und auf die Servierplatte stürzen.

Hühnerfleisch, Steak und Fisch in ca. 6 mm dicke Scheiben oder bissgerechte Stücke schneiden.

Die Scheiben um den Reishügel drapieren und mit geriebener Karotte garnieren.

Ergibt bis zu 10 Portionen.

Manchmal lässt es sich kaum verhindern, dass auch Zweibeiner von diesem Gericht naschen. Bei Vierbeinern trifft die Grillplatte stets auf uneingeschränkte Zustimmung.

Zuerst die schlechte Nachricht: Handelsüblicher Hühnerfond im Glas enthält oft Salz und Zwiebeln. Zwiebeln sind für Hunde aber tabu. Und nun die gute: Man kann sich seinen Hühnerfond selbst herstellen. Ein zerlegtes (frisches) Huhn (mit Rücken und Hals) zusammen mit 2 Karotten, 2 Selleriestangen, 1 Teelöffel (4 g) gehackter Petersilie und 2 gehackten Knoblauchzehen in einen Kochtopf geben und mit Wasser bedeckt 30 Minuten lang köcheln lassen. Fleisch und Gemüse mit einer Schaumkelle herausnehmen und zu späterer Verwendung beiseite legen. Brühe abseihen, in ein Gefäß füllen und zu späterer Verwendung einfrieren.

Walnuss-Carob-Bonbons

ZUTATEN

- 200 g Pflanzenfett
- 1 Teelöffel (5 ml) Vanille
- 115 g fein gehackte Walnüsse
- 350 g Vollkornmehl
- ½ Teelöffel (2,5 g) Backpulver
- 180 g ungesüßte Carob-Chips
- 1 Esslöffel (15 ml) Rapsöl (oder Ihr Lieblingsöl)

ZUBEREITUNG

Backofen auf 170 °C vorheizen.

Pflanzenfett in einer großen Schüssel schaumig schlagen, die Vanille hinzufügen und gut mischen, dann die Walnüsse unterheben.

Backpulver und Mehl in eine mittelgroße Schüssel sieben, das Fett zugeben und alles gut durchrühren.

Teig in ca. 2,5 cm dicke Bällchen formen und auf ein *ungefettetes* Backblech legen. 10 Minuten backen und auf einem Gitterrost auskühlen lassen.

Carob-Chips auf einen mikrowellengeeigneten Teller geben, mit Öl beträufeln und bei mittlerer Hitze ca. 1–2 Minuten garen, bis sie weich werden, dann glattrühren. Bällchen vorsichtig in die geschmolzene Masse tunken und mit den geriebenen Walnüssen bestreuen. In luftdicht geschlossenem Behälter aufbewahren. Die Schichten jeweils mit Butterbrotpapier trennen.

Ergibt ca. 30 Bonbons.

■

Statt Walnüssen können Sie für dieses Rezept auch fein gehackte, ungesalzene Erdnüsse nehmen. Denken Sie daran: Abwechslung ist die Würze des Lebens!

Henri meint...

Bedenken Sie, dass kleine Hunde auch kleinere Mäulchen haben, d.h. passen Sie die Größe der Bonbons entsprechend an. Bonbons in verschiedenen Größen beglücken alle Hunde im Freundeskreis – vom Chihuahua bis zur Dänischen Dogge.

Agility-Parcours lassen sich leicht aufstellen und sorgen stundenlang für Unterhaltung. Zubehör wie Tunnel und Stangen ist im Fachhandel oder über das Internet erhältlich.

Vegetarische Pizza

ZUTATEN

Pizzaboden

- 500 g Mehl
- 35 g Maismehl (weiß oder gelb)
- 1 Esslöffel (15 ml) Rapsöl (oder Ihr Lieblingsöl)
- 350 ml Wasser

Belag

- 120 g Tomatenmark (ohne Salz und Zucker)
- 1 Esslöffel (10 g) gehackter Knoblauch
- 2 Esslöffel (8 g) frisch gehackte Petersilie (in 2 Portionen)
- 30 g geriebener Parmesan

ZUBEREITUNG

Backofen auf 150 °C vorheizen.

Pizzaboden

Alle Teigzutaten in eine große Schüssel geben und gut mischen.

Den Teig auf einer mit Mehl bestäubten Arbeitsfläche durchkneten, ausrollen und mit einem Pizzaschneider oder scharfen Messer in runde oder quadratische Stücke von ca. 5–7 cm Durchmesser schneiden.

Backblech leicht einfetten und mit Maismehl bestäuben. Teigstücke darauflegen und mit einer Gabel an mehreren Stellen anstechen, damit sich keine Blasen bilden.

Backzeit: 25 Minuten.

Belag

Tomatenmark, Knoblauch und 1 Esslöffel Petersilie gut durchmischen, dann gleichmäßig über die abgekühlten Pizzaböden verteilen und mit einer Prise Petersilie und einer Prise Parmesan bestreuen.

Backzeit: 15 Minuten.

In einem geschlossenen Behälter im Kühlschrank aufbewahren.

Ergibt 55–65 Pizzastücke (je nach Größe).

Kennen Sie jemanden, der keine Pizza mag? Bei den Vierpfötern ist das nicht anders als bei den Zweibeinern – Welpen, Halbstarke und Senioren, alle bekommen große Augen, wenn Sie den Pizzateller sehen… Bell-lissimo!

Schwedische Putenklößchen

Eine typisch skandinavische Leckerei. Man kann auch problemlos die doppelte Menge zubereiten und einen Vorrat davon einfrieren.

ZUTATEN

- 450 g durch den Wolf gedrehtes Putenfleisch
- 115 g Semmelbrösel
- 60 ml Milch
- 1 Ei
- 2 Esslöffel (8 g) gehackte Petersilie
- 2 gehackte Knoblauchzehen
- 2 Esslöffel (30 ml) Rapsöl (oder Ihr Lieblingsöl), je nach Bedarf
- 115 g saure Sahne
- 2 Esslöffel (8 g) Mehl
- 235 ml Wasser

ZUBEREITUNG

Putenfleisch, Semmelbrösel, Milch, Ei, Petersilie und Knoblauch in einer großen Schüssel gut miteinander verrühren und aus der fertigen Mischung ca. 40–45 Klößchen von je ungefähr 2,5 cm Durchmesser formen.

In einer Pfanne von ca. 25 cm Durchmesser das Öl erhitzen, die Klößchen hineingeben und 12 Minuten braten (mehrfach wenden, damit sie rundum braun werden). Fertige Klößchen auf einen Servierteller legen.

In einer kleinen Schüssel die saure Sahne mit dem Mehl verrühren, Wasser hinzufügen und gut mischen. Die Mischung in die Pfanne mit dem verbliebenen Bratenfett geben und erhitzen, bis die Soße dick wird und Blasen schlägt.

Fleischklößchen in die Soße legen und gut erhitzen. Abkühlen lassen und vor dem Servieren mit frisch gehackter Petersilie garnieren.

Ergibt 40–45 Fleischklößchen.

»Wenn ich mich jetzt ganz stark konzentriere – vielleicht verwandelt sich der Ball dort ja in ein schwedisches Putenklößchen?«

Falscher Hase an Tomaten-Kräuter-Soße

ZUTATEN

- 450 g durch den Wolf gedrehtes Putenfleisch oder mageres Rindfleisch

- 30 g gehackter Spinat, aufgetaut und gut ausgedrückt

- 60 g geriebene Karotten

- 3 Eier

- 2 Esslöffel (8 g) frische Kräuter, gehackt (Thymian, Basilikum, Minze, Petersilie oder was immer Ihrem Hund besonders gut schmeckt)

- 160 g Vollkornhaferflocken

- 310 g Vollkornweizenmehl

- 60 ml Rapsöl (oder Ihr Lieblingsöl)

Soße

- 245 g Tomatenmark (ohne Salz oder Zucker)

- 2 Esslöffel (8 g) getrockneter Oregano

- 2 gehackte Knoblauchzehen

- 2 Esslöffel (8 g) frisch gehackte Petersilie

ZUBEREITUNG

Backofen auf 180 °C vorheizen.

Falscher Hase

Fleisch, Spinat und geriebene Karotten in einer großen Schüssel mischen.

In einer anderen Schüssel Eier, Kräuter, Haferflocken, Weizenmehl und Öl mischen, mit der Fleischmasse verrühren und in einer leicht gefetteten, ca. 15 × 8 × 5 cm großen Auflaufform 30 Minuten backen.

Mit einem Messer prüfen, ob das Fleisch durch ist. Abkühlen lassen und in Portionen aufteilen. Auf einer Platte zusammen mit der Tomaten-Kräuter-Soße servieren.

Soße

Tomatenmark, Oregano, Knoblauch und Petersilie gut mischen. Die fertige Soße in eine Saucière geben und in den Kühlschrank stellen.

Ergibt 4 Falsche Hasen.

Henri meint ...

Weil ich Falsche Hasen so gerne mag, bitte ich Frauchen immer, ein paar mehr zu machen. Sie können bis zu 2 Monate lang eingefroren werden.

Wer sagt denn, dass Falscher Hase langweilig schmecken muss? Das kann nur von Leuten stammen, die noch nie einen gegessen haben.

Erdnussbutter-Müsliriegel

ZUTATEN

- 400 g zarte Haferflocken
- 60 g Vollkornhaferflocken
- 60 g Vollkornmehl
- 75 g getrocknete Äpfel, gewürfelt
- 30 g getrocknete Preiselbeeren
- 2 Eier, leicht verquirlt
- 55 ml Honig
- 85 g Erdnussbutter aus kontrolliert biologischem Anbau
- 60 ml Pflanzenöl

ZUBEREITUNG

Backofen auf 170 °C vorheizen.

Eine ca. 23 × 23 × 5 cm große Backform leicht einfetten.

Haferflocken, Mehl, Äpfel und getrocknete Preiselbeeren in einer großen Schüssel mischen.

Eier, Honig, Erdnussbutter und Öl in einer mittelgroßen Schüssel verrühren und alles mit der Haferflockenmischung vermengen. Teig in die Form füllen und 30 Minuten lang backen.

Auf einem Gitterrost abkühlen lassen und vor dem Servieren mit einem scharfen Messer in Riegel schneiden.

Ergibt 30–35 Riegel.

»Hat dir schon mal jemand gesagt, dass du wie ein Erdnussbutter-Müsliriegel aussiehst…?«

Sushi-Rolle

ZUTATEN

Sushi-Reis

- 700 ml Wasser
- 100 g kleinkörniger Sushi-Reis

Sushi-Rolle

- 100 g fertiger Sushi-Reis
- 2 Noriblätter (Meeresalgenblätter)
- 1 Esslöffel (8 g) geröstete Sesamkörner (nach Belieben)
- 2 Rollen Krebsfleisch-Imitat (kann auch durch Hühnerfleischstreifen ersetzt werden)
- ½ Avocado, in Streifen geschnitten
- 30 g geriebene Karotten (zum Garnieren ggf. auch mehr)
- Rapsöl (oder Ihr Lieblingsöl) zum Beträufeln

Hmmm! Diese kleinen Leckerbissen werden allen schmecken. Bei den Zutaten für die Füllung ist die Auswahl grenzenlos – und niemand braucht zu wissen, dass dieser Gaumenschmaus obendrein auch noch gesund ist…

ZUBEREITUNG

Sushi-Reis

Das Wasser in einen mittelgroßen Topf geben und bei geschlossenem Deckel zum Kochen bringen, dann die Hitze reduzieren und köcheln lassen. Reis hinzufügen, kurz aufkochen und wieder köcheln lassen. Wenn das Wasser verdunstet ist, den Topf von der Flamme nehmen. Vor der Weiterverwendung den Reis etwas abkühlen lassen.

Sushi-Rolle

Ein Noriblatt mit der glänzenden Seite nach unten der Länge nach auf eine Bambusmatte legen, ca. 2,5 cm vom Rand der Ihnen zugewandten Mattenseite entfernt. Platzieren Sie eine Hand voll Sushi-Reis in die Mitte des Noriblatts und verteilen Sie ihn gleichmäßig auf der Oberfläche (mit befeuchteten Händen geht es leichter). Die Sesamkörner über den Reis streuen, einen Streifen Krebsfleisch-Imitat (oder Hühnerfleisch), einen Avocadostreifen und etwas Karotte waagerecht über den Reis legen und Öl darüber träufeln.

Sushi mithilfe der Bambusmatte in das Noriblatt rollen und ein wenig andrücken, sodass der Reis die Form einer Zigarre annimmt.

Das Gleiche mit einer zweiten Sushi-Rolle wiederholen.

Die Rollen in Folie einwickeln und bis zum Servieren im Kühlschrank aufbewahren.

Vor dem Servieren die Rollen mit einem scharfen Messer in ca. 2,5 cm dicke Scheiben schneiden.

Auf einer Servierplatte mit der Reisseite nach oben anrichten und mit geriebenen Karotten garnieren.

Ergibt etwa 10 Portionen.

Toast mit Spinat und Verlorenen Eiern

Bei dieser Köstlichkeit ist die Zubereitung nicht ganz so einfach – aber das Ergebnis lohnt die Mühe!

ZUTATEN

- 4 Scheiben Putenschinken
- 4 halbe Brötchen
- 1 Teelöffel (5 ml) Essig
- 4 Eier
- 30 g Spinat

ZUBEREITUNG

Putenschinken in einer Pfanne sautieren.

Den Schinken halbieren, auf einen Teller legen und warmhalten.

Die Brötchenhälften goldbraun toasten.

In einem Topf 5 cm Wasser und den Essig zum Kochen bringen. 1 Ei aufschlagen, in ein kleines Glas oder eine Tasse geben. Die Hitze reduzieren und das Ei schnell in das köchelnde Essigwasser gleiten lassen. Dann mit den restlichen Eiern ebenso verfahren.

Die Eier 4–5 Minuten köcheln lassen.

Mit einem Schaumlöffel die Eier aus dem Topf heben und auf Küchenpapier abtropfen lassen.

60 ml Wasser in einem kleinen Topf zum Kochen bringen, die Hitze reduzieren und den Spinat ins siedende Wasser geben. Köcheln, bis alles Wasser verdunstet ist (Vorsicht, den Spinat nicht anbrennen lassen!).

Zum Servieren Spinat, je 2 halbe Scheiben Putenschinken und 1 Verlorenes Ei auf die getoasteten Brötchenhälften legen.

Ergibt 4 Toasts.

Nein, das ist kein normaler Frühstückstoast, sondern der Stoff, aus dem die Hundeträume sind. Welpenschwänze werden wackeln, wenn die Kleinen morgens in die Küche kommen und diese Delikatesse in ihrem Futternapf entdecken. Was für ein Start in den Tag!

Vier-Käse-Pizza

Gut möglich, dass Sie selber davon naschen wollen. Lassen Sie sich dabei aber nicht von Ihrem Hund erwischen!

ZUTATEN

Pizzaboden

- 250 g Mehl
- 20 g Maismehl (weiß oder gelb)
- ½ Esslöffel (7 ml) Rapsöl (oder Ihr Lieblingsöl)
- 175 ml Wasser
- Öl zum Einpinseln

Pizzabelag

- 115 g geriebener Mozzarella
- 60 g körniger Ziegenkäse
- 60 g teilentrahmter Ricotta
- 2 Esslöffel (10 g) frisch geriebener Parmesan
- 2 Esslöffel (8 g) frisch gehackter Oregano

ZUBEREITUNG

Backofen auf 180 °C vorheizen.

Pizzaboden

Alle Zutaten für den Teig in eine große Schüssel geben und gut durchmischen.

Den Teig auf einer mit Mehl bestäubten Arbeitsfläche kneten, ausrollen und mit einem Pizzaschneider oder scharfen Messer Kreise oder Quadrate ausschneiden (Durchmesser 5–7 cm).

Backblech leicht einölen und mit Maismehl bestäuben. Die Pizzaböden aufs Blech geben und mit einer Gabel anstechen, damit es nicht zur Blasenbildung kommt. Zum Schluss die Böden leicht mit Öl bestreichen.

Backzeit: 25 Minuten.

Belag

Die 4 Käsesorten in einer mittelgroßen Schüssel gut durchmischen.

Die Käsemischung über die Pizzastücke streichen (dabei einen Rand von ca. 0,5 cm frei lassen) und gehackten Oregano darüberstreuen.

Die Pizza so lange backen, bis der Käse geschmolzen ist (ca. 15 Minuten), dann herausnehmen, auf eine Platte legen und handwarm servieren.

Ergibt 56–58 Pizzastücke.

Wenn kein Pizzaschneider zur Hand ist, können Sie den Teig auch mit einem scharfen Messer schneiden. Die Kreise lassen sich mit einem Trinkglas oder einem Plastikbecher ausstechen.

KAPITEL 5

Auf die Plätzchen...

Steht Futter frühzeitig bereit, kann es durchaus passieren, dass ein Hund besitzergreifende Neigungen entwickelt, und wenn Sie nicht aufpassen, endet ein geplantes Festmahl womöglich in einer zügellosen Fresserei. Deshalb sollten die Portionen möglichst klein gehalten werden. Eine gewisse Zurückhaltung und die kontrollierte Futterausgabe sind der Schlüssel zum Erfolg. Wenn Sie mehr als einen Vierbeiner haben, achten Sie darauf, dass zwei Hunde nie aus demselben Napf fressen sollten. Jeder individuelle kulinarische Streifzug, jedes unerwünschte Naschen oder (unschuldige) Schnüffeln am Napf oder Teller eines anderen Hundes (und natürlich erst recht eines Zweibeiners!) muss von Anfang an konsequent unterbunden werden. Dies ist allerdings nur möglich, wenn zwischen den Fressplätzen genügend Abstand herrscht.

Lassen Sie alle kalten Hunde-Snacks bis zum Servieren im Kühlschrank und stellen Sie immer genug frisches Wasser hin, damit die Vierpföter ihren Durst stillen können. Wenn Sie dies alles im Hinterkopf behalten, können Sie Ihre vierbeinigen Hausgenossen unbesorgt auch einmal »Auf die Plätzchen... fertig... los« lassen.

fertig… los!

Apfel-Erdnussbutter-Plätzchen

ZUTATEN

Plätzchen

- 125 g ungesüßtes Apfelmus
- 1 großes Ei
- 130 g Erdnussbutter
- 350 ml Wasser
- 500 g Vollweizenmehl
- 70 g Maismehl (weiß oder gelb)
- 60 g Vollkornhaferflocken

Füllung

- 230 g Frischkäse (Zimmertemperatur)

ZUBEREITUNG

Backofen auf 170 °C vorheizen.

Apfelmus, Ei, Erdnussbutter und Wasser in einer großen Schüssel vermengen.

Trockene Zutaten in einer anderen Schüssel mischen und mit der Apfelmusmischung verrühren. Den Teig auf einer mit Mehl bestäubten Arbeitsfläche kneten, bis alle Zutaten gut durchmischt sind.

Teig ausrollen (ca. 3 mm dick), mit Förmchen ausstechen und auf einem leicht gefetteten Backblech 50 Minuten backen, dann die Hitze abdrehen, die Plätzchen aber noch weitere 20 Minuten im Backofen aushärten und erst danach auf einem Gitterrost auskühlen lassen.

Abgekühlte Plätzchen mit Frischkäse bestreichen, jeweils ein weiteres Plätzchen darüber legen und leicht andrücken. In einem geschlossenen Behälter im Kühlschrank aufbewahren.

Ergibt 60 Plätzchen (30 »Doppeldecker«).

Zur Weihnachtszeit schmecken diese Sternenplätzchen ganz besonders. Bei anderen Anlässen passt vielleicht eine andere Ausstechform besser…

Henri meint …

Gibt es einen bestimmten Anlass für dieses Plätzchen-backen, so kann man themen-bezogene Ausstechformen wählen. Und wenn große und kleine Hunde bedient werden sollen, wäre es gut, wenn auch die Größe der Plätzchen ein wenig variieren würde.

Knusprige Erdnussplätzchen

ZUTATEN

- 250 g Weizenkeime
- 375 g Vollweizenmehl
- 40 g Vollkornhaferflocken
- 260 g naturreine grobe Erdnussbutter
- 3 Esslöffel (45 ml) Rapsöl (oder Ihr Lieblingsöl)
- 1 Ei
- 240 ml Wasser

ZUBEREITUNG

Backofen auf 150 °C vorheizen. Rost ins untere Drittel des Backofens schieben.

Weizenkeime, Mehl und Haferflocken in eine Schüssel geben. Erdnussbutter, Öl, Ei und Wasser hinzufügen. Alle Zutaten gut mischen (geht am besten mit den Händen). Teig auf einer mit Mehl bestäubten Arbeitsfläche ausrollen (ca. 6 mm dick) und in den gewünschten Formen ausstechen. Reste erneut kneten, ausrollen und ausstechen, bis der Teig vollständig aufgebraucht ist.

Plätzchen auf einem leicht gefetteten Backblech auslegen und 40 Minuten backen, dann den Ofen ausschalten, die Plätzchen aber noch mindestens 1 Stunde im Backofen lassen, bis sie richtig knusprig sind.

Fertige Plätzchen in einem geschlossenen Behälter aufbewahren.

Ergibt 50–60 Plätzchen (je nach Größe der Förmchen).

∎

In vielen Naturkostläden gibt es Mühlen, in denen man ganze Erdnüsse in der gewünschten Menge mahlen lassen kann. Ich halte das für sehr empfehlenswert, da fertige Erdnussbutter meist Zucker, Salz und Konservierungsstoffe enthält, die den Geschmack von Menschen ansprechen, aber kaum den von Hunden.

Wenn Sie die passende Ausstechform wählen, kann Ihr Vierbeiner auch einmal richtig in die Beine eines verhassten Zweibeiners beißen, ohne dass jemand Schaden nimmt. Ähnlichkeiten mit lebenden Personen sind – selbst wenn die Silhouette passt – rein zufällig…

Henri meint...

Dicht schließende Behälter schützen vor Feuchtig-
keit. Feuchtigkeit ist der größte Feind unserer
Plätzchen, da sie Schimmelbildung begünstigt.
Wir stellen in diesem Buch nur Rezepte vor, die ohne
Konservierungsstoffe und Schimmel verhindernde
Chemikalien auskommen. Achtet daher darauf,
dass alle Produkte an einem kühlen, trockenen
Ort gelagert werden, oder – besser noch –
bittet euer Herrchen oder Frauchen,
sie im Kühlschrank aufzubewahren.

Kürbisstangen

ZUTATEN

- 235 ml Wasser
- 1 Esslöffel (15 ml) Rapsöl (oder Ihr Lieblingsöl)
- 2 Eier, leicht verquirlt
- 60 g pürierter Kürbis
- 375 g Vollweizenmehl
- 375 g Mehl
- 140 g Maismehl (weiß oder gelb)

ZUBEREITUNG

Backofen auf 150 °C vorheizen.

Wasser, Öl, Eier und Kürbis in einer großen Schüssel verrühren.

In einer zweiten Schüssel die 3 Mehlsorten mischen, dann die trockenen und die feuchten Zutaten zusammengeben und gut vermengen.

Teig auf einer mit Mehl bestäubten Arbeitsfläche ausrollen (ca. 6 mm dick) und mit einem Pizzaschneider oder einem scharfen Messer in Streifen (ca. 10 × 1,5 cm) schneiden. Die Streifen dann drehen und auf ein gefettetes Backblech legen

30 Minuten backen, dann den Ofen abstellen, die Stangen aber noch eine weitere halbe Stunde im Backofen auskühlen lassen.

Fertige Stangen in einem geschlossenen Behälter aufbewahren.

Ergibt ca. 50 Stangen.

Wussten Sie, dass Kürbis reich an Ballaststoffen ist? Wird Ihr Hund von Durchfall geplagt, so mischen Sie seinem Futter 1 Löffel Kürbismus bei – das wirkt Wunder. Um Verluste durch Schimmelbefall zu vermeiden, geben Sie das Kürbispüree portionsweise in Eiswürfelbehälter oder auf ein Küchenbrett, das in Ihr Gefrierfach passt. Die gefrorenen Portionen dann in einen luftdichten, verschließbaren Plastikbeutel füllen und bis zum Gebrauch – einzeln entnehmbar – in der Tiefkühltruhe aufbewahren.

Nicht nur für Feiertage, auch zur Belohnung beim Hundetraining sind die leicht in Stücke zu brechenden Stangen optimal geeignet – »Sitz!«, »Platz!«, »Schmatz!«

Huhn-Ingwer-Plätzchen

ZUTATEN

- 250 g Vollweizenmehl
- 125 g Weizenkeime
- 1 Esslöffel (5 g) gemahlener Ingwer
- 120 ml Hühnerbrühe
- 1 Ei, leicht verquirlt
- 60 ml Pflanzenöl

ZUBEREITUNG

Backofen auf 190 °C vorheizen.

Mehl, Weizenkeime und Ingwer in eine mittelgroße Schüssel geben.

In einer zweiten Schüssel Hühnerbrühe, Ei und Öl verquirlen, zu den trockenen Zutaten geben und gut durchmischen.

Teig auf einer mit Mehl bestäubten Arbeitsfläche kneten, ausrollen (ca. 6 mm dick) und die gewünschten Formen ausstechen.

Reste erneut kneten, ausrollen und ausstechen, bis der Teig vollständig aufgebraucht ist.

Die Plätzchen auf ein gefettetes Backblech legen und 25 Minuten backen.

Vor dem Servieren auf einem Gitterrost auskühlen lassen.

Fertige Plätzchen in einem geschlossenen Behälter aufbewahren.

Ergibt ca. 35 große oder 60 kleine Plätzchen.

■

Hunde mögen den Geschmack von Ingwer, der im Übrigen auch verdauungsfördernde Eigenschaften besitzt; er hilft z. B. bei Bauchweh und bei Reisekrankheit.

»Nenn mich, wie du willst – aber vergiss ja nicht, mich rechtzeitig zum Essen zu rufen!«

Bananen-Erdnussbutter-Kekse

ZUTATEN

- 250 g Mehl
- 125 g Vollweizenmehl
- 70 g Maismehl (weiß oder gelb)
- 35 g fettarmes Milchpulver
- 60 g Vollkornhaferflocken
- 1 Ei, leicht verquirlt
- 1 zerdrückte Banane
- 130 g Erdnussbutter mit Stücken aus kontrolliert biologischem Anbau
- 350 ml Wasser

ZUBEREITUNG

Backofen auf 180 °C vorheizen.

Alle trockenen Zutaten in eine große Schüssel geben. Ei, Banane und Erdnussbutter hinzufügen und alles gut durchmischen. Langsam das Wasser zugeben und den Teig mit den Händen kneten (er sollte ziemlich fest sein, bei Bedarf noch Mehl zugeben).

Teig auf einer mit Mehl bestäubten Arbeitsfläche (ca. 6 mm dick) ausrollen, die gewünschten Formen ausstechen und auf ein leicht gefettetes Backblech legen. Reste erneut kneten, ausrollen und ausstechen, bis der Teig vollständig aufgebraucht ist.

Backzeit: 40 Minuten. Den Ofen abstellen, die Plätzchen jedoch erst entnehmen, wenn sie hart sind (dauert ca. 1 Stunde).

Fertige Plätzchen in einem geschlossenen Behälter aufbewahren.

Ergibt ca. 35 große oder 60 kleine Kekse (je nach Größe der Ausstechformen).

■

Zucker wurde für den menschlichen Gaumen entwickelt und ist für Hunde unnötig. Kekse oder Plätzchen, die zuckerfrei zubereitet wurden, sind für die Vierbeiner ungleich gesünder – und munden ihnen genauso gut!

Lustige Ausstechformen wie Hummer, Delfine, Palmen, Fische und Segelboote wecken sommerliche Assoziationen.

Kräuterplätzchen mit Knoblauch

ZUTATEN

- 250 g Vollweizenmehl
- 125 g Maismehl (weiß oder gelb)
- 125 g Mehl
- 1 Ei, leicht verquirlt
- 2 Esslöffel (30 ml) Rapsöl (oder Ihr Lieblingsöl)
- 3 gehackte Knoblauchzehen
- 235 ml Wasser oder Hühnerbrühe
- 15 g Petersilie, frisch gehackt oder getrocknet

ZUBEREITUNG

Backofen auf 180 °C vorheizen.

Alle trockenen Zutaten in eine große Schüssel geben. Ei, Öl, Knoblauch und Flüssigkeit hinzufügen, alles gut durchmischen und zum Schluss die Petersilie beigeben. Der Teig sollte ziemlich fest sein (bei Bedarf noch Mehl zugeben). Den Teig auf einer mit Mehl bestäubten Arbeitsfläche kneten, ausrollen (ca. 6 mm dick) und die gewünschten Formen ausstechen. Reste erneut kneten, ausrollen und ausstechen, bis der Teig vollständig aufgebraucht ist. Die Plätzchen auf ein gefettetes Backblech legen und 40 Minuten backen. Ofen ausschalten, die Plätzchen jedoch noch ca. 1 Stunde lang härten lassen. Fertige Plätzchen in einem geschlossenen Behälter aufbewahren.

Ergibt ca. 35 große oder 60 kleine Plätzchen.

■

Knoblauch: verwenden oder nicht verwenden – das ist die Frage. Da Knoblauch zu den Zwiebelgewächsen gehört, stehen einige Tierärzte auf dem Standpunkt, dass er auf die Tabuliste gehört. Ganzheitlich orientierte Veterinäre sehen in Knoblauch dagegen ein natürliches Abwehrmittel gegen Flöhe und empfehlen ihn aus medizinischen Gründen. Wenn Sie Zweifel haben, fragen Sie Ihren Tierarzt, bevor Sie Ihrem Hund Knoblauch ins Futter geben.

»Bleib mal stehen und schnuppere den Blumenduft! Und gib mir noch ein Leckerli. Du hast mich lieb. Ich spüre es, wie lieb du mich hast.«

Carob-Plätzchen

ZUTATEN

- 60 g Vollkornhaferflocken
- 250 g Vollweizenmehl (ersatzweise Vollroggenmehl)
- 260 g Erdnussbutter aus kontrolliert biologischem Anbau
- 240 ml Milch
- 45 g ungesüßte Carob-Chips (Streusel)

ZUBEREITUNG

Backofen auf 190 °C vorheizen.

Haferflocken und Mehl in eine große Schüssel geben.

In einer anderen Schüssel Erdnussbutter und Milch verrühren, zu den trockenen Zutaten geben, gut durchmischen und die Carob-Chips unterziehen.

Teig auf einer mit Mehl bestäubten Arbeitsfläche kneten, ausrollen (ca. 6 mm dick) und die gewünschten Formen ausstechen. Reste erneut kneten, ausrollen und ausstechen, bis der Teig vollständig aufgebraucht ist.

Die Plätzchen auf ein leicht gefettetes Backblech legen, 25 Minuten backen und auf einem Gitterrost auskühlen lassen.

Fertige Plätzchen in einem geschlossenen Behälter aufbewahren.

Ergibt ca. 55 kleine Plätzchen.

■

Immer noch ein paar Teigreste übrig? Rollen Sie sie zwischen den Handflächen zu dicken oder dünnen »Nudeln« unterschiedlicher Länge und backen Sie sie mit.

»Eine Rose für dich – und ein Plätzchen für mich.«

Gemüse-Rindfleisch-Plätzchen

ZUTATEN

- 300 ml Wasser
- 90 g geriebene Karotten
- 1 Gläschen (ca. 70 g) Baby-nahrung (Rind- oder Hühner-fleisch)
- 2 Esslöffel (30 ml) Rapsöl (oder Ihr Lieblingsöl)
- 2 Eier
- 2 Esslöffel (8 g) frisch gehackte Petersilie
- 435 g Vollweizenmehl
- 435 g Mehl

ZUBEREITUNG

Backofen auf 150 °C vorheizen.

Backblech leicht einfetten.

Wasser, Karotten, Fleisch (Babynahrung), Öl und Eier in eine große Schüssel geben und gut durchmischen. Peter-silie und die beiden Mehlsorten separat mischen und zu den anderen Zutaten geben. Teig gründlich rühren oder kneten.

Teig auf einer mit Mehl bestäubten Arbeitsfläche ausrollen (ca. 6 mm dick) und die gewünschten Formen ausstechen. Reste erneut kneten, ausrollen und ausstechen, bis der Teig vollständig aufgebraucht ist.

Die Plätzchen auf das vorbereitete Backblech legen und 35 Minuten backen. Ofen abstellen, die Plätzchen jedoch erst entnehmen, wenn sie hart geworden und abgekühlt sind.

Fertige Plätzchen in einem geschlossenen Behälter auf-bewahren.

Ergibt ca. 70 Plätzchen (je nach Förmchengröße).

Da sind sich alle Wauwaus einig: Plätzchen mit echtem Rindfleisch sind wahre Delikatessen.

Knuddelküsschen

ZUTATEN

- 250 g Vollweizenmehl
- 125 g Weizenkeime
- 120 ml Wasser
- 1 Ei, leicht verquirlt
- 60 ml Pflanzenöl
- 1 Esslöffel (8 g) gehackte Minze, getrocknet
- 1 Esslöffel (8 g) gehackte Petersilie, getrocknet

ZUBEREITUNG

Backofen auf 190 °C vorheizen.

Mehl und Weizenkeime in einer mittelgroßen Schüssel mischen.

Wasser, Ei und Öl in einer anderen Schüssel zusammenrühren und der Mehlmischung hinzufügen; zum Schluss Minze und Petersilie unterziehen.

Teig auf einer mit Mehl bestäubten Arbeitsfläche ausrollen (ca. 6 mm dick) und die gewünschten Formen ausstechen (z. B. kleine Herzen). Reste erneut kneten, ausrollen und ausstechen, bis der Teig vollständig aufgebraucht ist.

Die Plätzchen auf ein leicht gefettetes Backblech legen und 45 Minuten backen. Den Ofen abstellen, die Plätzchen jedoch noch 1 Stunde hart werden und abkühlen lassen.

Ergibt ca. 60 kleine Plätzchen.

Henri meint...

Die kleinen Pfefferminzplätzchen sind auch ein nettes Mitbringsel. Wenn es in euerm Haushalt kein herzförmiges Ausstechförmchen gibt, können Herrchen oder Frauchen auch Quadrate ausschneiden (ca. 2 x 2 cm).

Genieße den Augenblick! Küsschen sind immer willkommen.

Müsli-Kekse

ZUTATEN

- 350 ml Wasser
- 2 Esslöffel (30 ml) Rapsöl (oder Ihr Lieblingsöl)
- 2 Eier, leicht verquirlt
- 250 g Müsli
- 560 g Vollweizenmehl
- 80 g Vollkornhaferflocken

ZUBEREITUNG

Backofen auf 180 °C vorheizen.

Wasser, Eier und Öl in einer großen Schüssel verrühren. Müsli, Mehl und Haferflocken in einer zweiten Schüssel mischen. Trockene und feuchte Zutaten zusammenfügen und gründlich durchmischen.

Teig auf einer mit Mehl bestäubten Arbeitsfläche ausrollen (ca. 6 mm dick) und die gewünschten Formen ausstechen. Reste erneut kneten, ausrollen und ausstechen, bis der Teig aufgebraucht ist. Die Kekse auf ein gefettetes Backblech legen und 35 Minuten backen. Hitze abdrehen, die Plätzchen jedoch noch 30 Minuten hart werden und vor dem Servieren abkühlen lassen.

Die fertigen Kekse in einem geschlossenen Behälter aufbewahren.

Ergibt ca. 60 Kekse (je nach Größe der Ausstechform).

Mit Honig (oder honighaltigem Müsli) zu backen, ist nicht unproblematisch, da Honig im Ofen leicht anbrennt – entsprechend dunkel werden die Plätzchen. Frauchen oder Herrchen müssen also die Bedienungsanleitung ihres Backofens genau beachten.

Henri meint . . .

Übrigens: Die meisten Hunde mögen den saftigen, süßen Geschmack und die angenehmen Kaueigenschaften von Rosinen, doch ist es in einigen Fällen nach dem Genuss großer Mengen zu Nierenversagen gekommen. Die kleinen Mengen, die normalerweise in Müslimischungen enthalten sind, sollten eigentlich harmlos sein. Dennoch sollten Herrchen und Frauchen auf Nummer sicher gehen und rosinenfreie Mischungen kaufen bzw. die Rosinen aus der Mischung entfernen, bevor sie Müsli für unser Futter verwenden.

Diese Kekse riechen so gar nicht nach reiner Hundekost. Das Aroma sorgt dafür, dass sich auch Zweibeiner magisch angezogen fühlen.

Süßkartoffel-Leckerlis

ZUTATEN

- 1 große Süßkartoffel
- 60 ml Pflanzenöl
- 30 ml Honig
- 1 Ei, leicht verquirlt
- 125 g Mehl

ZUBEREITUNG

Backofen auf 180 °C vorheizen.

Süßkartoffel ca. 30 Minuten im Ofen backen.

Die abgekühlte Süßkartoffel schälen und in Würfel mit ca. 2,5 cm Kantenlänge schneiden.

Öl und Honig in einem Mixer mischen, das Ei und die Süßkartoffel hinzufügen und alles gut miteinander verrühren.

Zum Schluss das Mehl beigeben und alles gründlich durchmischen.

Die feuchte Mischung löffelweise auf ein leicht gefettetes Backblech geben und 20 Minuten backen. Die Plätzchen auf einem Gitterrost abkühlen lassen.

Die fertigen Plätzchen in einem geschlossenen Behälter im Kühlschrank aufbewahren.

Ergibt 15–20 Leckerlis.

*Süßkartoffeln – eins, zwei, drei
und noch mehr – wir sind dabei!*

Fettarme Gemüseplätzchen

Ich nenne sie unser allergenarmes Leckerli – was natürlich nur zutrifft, wenn unser vierbeiniger Freund nicht gerade auf eine der folgenden Zutaten allergisch ist…

ZUTATEN

- 500 g Roggenmehl
- 120 g Vollkornhaferflocken
- 240 ml Wasser
- 2 Eier, leicht verquirlt
- 90 g geriebene Karotten
- 15 g frisch gehackte oder getrocknete Petersilie
- 2 gehackte Knoblauchzehen

ZUBEREITUNG

Backofen auf 180 °C vorheizen.

Mehl, Haferflocken und Wasser in einer mittelgroßen Schüssel gut verrühren. Eier und die Karotten hinzufügen, zum Schluss die Petersilie und den Knoblauch und alles gut mischen.

Teig auf einer mit Roggenmehl bestäubten Arbeitsfläche kneten (falls er klebt, noch etwas Mehl hinzufügen), ausrollen (ca. 3 mm dick) und mit einem Pizzaschneider oder einem scharfen Messer ca. 1,3 cm breite Stücke ausschneiden.

Die Plätzchen auf ein leicht gefettetes Backblech legen, 25 Minuten backen und abkühlen lassen.

Die fertigen Plätzchen in einem geschlossenen Behälter im Kühlschrank aufbewahren.

Ergibt ca. 50–60 Plätzchen.

Verraten Sie Ihrem Hundekind nicht, dass diese Naschereien fettarm sind – das bleibt unser kleines Geheimnis.

KAPITEL 6

Festtagskuchen

Es gibt jede Menge Anlässe zum Feiern: Den Tag, an dem der Hund ins Haus kam. Geburtstag. Einen Feiertag. Eine bestandene Prüfung in der Hundeschule. Die Flugball-Meisterschaft. Den Tag, an dem der Heilige Franz von Assisi die Tiere segnete. Die Winter- oder Sommersonnenwende. Oder ein Fest ohne besonderen Anlass... Aber Moment mal! Es gibt ja auch noch ganz andere Gründe: Ein junger Hund wird willkommen geheißen. Ein guter Freund zieht um und verabschiedet sich von seinen Nachbarn. Ein Tag der Erinnerung an einen geliebten Vierbeiner, der den Gang über die Regenbogenbrücke angetreten hat. Die Rückkehr von Herrchen und Frauchen aus einem langen Urlaub ohne Hund. Ein supertolles Untersuchungsergebnis vom Tierarzt...

Solche Ereignisse müssen einfach gefeiert werden! Warum also nicht die Gelegenheit beim Schopf packen und einen (Hunde-)Kuchen backen? Der wird bestimmt die Attraktion des Tages. Happi, schnappi – guten Appetit!

Apfelkuchen mit Widmung

ZUTATEN

Kuchen

- 80 g ungesüßtes Apfelmus
- 175 ml heißes Wasser
- 80 g Vollkornhaferflocken
- 3 Eier
- 100 g Pflanzenfett
- 1 ½ Teelöffel (3,5 g) Zimt
- 250 g Mehl
- 40 g Müsli

Creme (ergibt 400 g)

- 100 g Pflanzenfett
- 450 g Frischkäse (Zimmertemperatur)
- 3 Esslöffel Carobpulver (getrennte Portionen)
- 90 g Carob-Chips, ungesüßt
- ¼ Teelöffel (3 ml) Rapsöl

Henri meint . . .

Sie wollen einen besonders geformten Kuchen, aber es fehlt eine entsprechende Backform? Zeichnen Sie die gewünschten Umrisse auf ein Stück Backpapier, schneiden Sie das überstehende Papier ab und legen Sie Ihre Zeichnung auf den fertigen, abgekühlten Kuchen. Dann schneiden Sie mit einem Messer den Kuchen so zu, wie Ihre Schablone es vorgibt. Die abgeschnittenen Stücke eignen sich für Snacks zwischendurch.

Wenn Sie diesen leckeren Apfelkuchen mit der Frischkäsecreme auftischen, wird Ihr Hund sich erwartungsvoll hechelnd die Pfoten lecken. Und wenn Sie Gäste eingeladen haben – Partyhüte nicht vergessen!

Fortsetzung auf der nächsten Seite >

ZUBEREITUNG

Kuchen

Backofen auf 180 °C vorheizen.

Eine ca. 23 cm breite, quadratische (oder beliebige) Backform leicht mit Fett bepinseln und mit Mehl ausstäuben.

Apfelmus, Wasser und Haferflocken in einer Schüssel verrühren und 15 Minuten quellen lassen, dann die übrigen Zutaten untermischen.

Den Teig in die vorbereitete Backform geben – er wird ziemlich kompakt sein –, mit einem Schaber glätten und 40 Minuten backen, bis die Oberseite goldbraun ist.

10 Minuten abkühlen lassen, dann den Rand mit einem Messer lösen, den Kuchen abheben, auf einem Gitterrost völlig auskühlen lassen und mit der Creme überziehen.

Creme

Pflanzenfett und Frischkäse in einer mittelgroßen Schüssel schlagen, bis sie eine glatte Masse bilden.

100 g der Mischung für die Hundeknochen-Dekoration in einen Spritzbeutel geben.

Zur restlichen Mischung 2 Esslöffel (15 g) Carobpulver geben und mischen. Wiederum 100 g Crememischung abtrennen und beiseite stellen. Den Rest auf dem Kuchen verstreichen.

Mit einem Zahnstocher den Namen Ihres Hundes (oder des Ehrengastes) in die Creme schreiben und den Schriftzug mit Schablonenmustern ausschmücken.

Die weiße Crememasse vorsichtig aus dem Spritzbeutel herausdrücken und in Form von kleinen Knochen auf dem Kuchen verteilen.

Carob-Chips und Öl in eine mikrowellenfeste Schüssel geben und 1 Minute auf mittlerer Stufe schmelzen lassen (nicht kochen!). Die Masse aus der Mikrowelle nehmen, glatt rühren, in einen Spritzbeutel geben und den Inhalt vorsichtig auf die von der Schablone vorgegebenen Muster auf dem Kuchen drücken.

Die beiseitegestellte Crememischung in einer kleinen Schüssel mit 1 Esslöffel (8 g) Carobpulver verrühren, ebenfalls in einen Spritzbeutel geben und mit der dunkleren Masse den Kuchenrand dekorieren.

Je nach Wunsch können auch kleine Biskuits zur Hälfte in das geschmolzene Carob getaucht werden.

Die Creme hart werden lassen, dann den Kuchen mit den Biskuits dekorieren und vor dem Servieren mindestens 1 Stunde in den Kühlschrank stellen.

Wer auf geschmolzene Carob-Chips verzichten will (oder keine zur Hand hat), kann meinen Namen auch mit der weißen Creme über den eingeritzten Schriftzug schreiben.

Henri meint . . .

Sie wollen einen Pfotenabdruck auf dem Kuchen haben? Kein Problem! Schneiden Sie eine entsprechende Papierschablone aus und legen Sie sie auf den Kuchen. Dann streuen Sie mit einem Sieb Carobpulver rundum und nehmen die Schablone vorsichtig ab.

Henri meint . . .

Ich glaube, dieser Kuchen schmeckt noch besser, wenn man ihn mit geschmolzenem Carob beträufelt. Und hier noch eine tolle Idee für ein Mitbringsel: Fetten Sie

6 kleine Kuchenformen (ca. 10 x 6 x 4 cm) ein und bestäuben sie mit Mehl. Füllen Sie Teig ein und backen ihn 40–45 Minuten. Lassen Sie die Kuchen abkühlen, wickeln Sie sie in buntes Geschenkpapier, versehen Sie die Päckchen mit hübschen Schleifchen – und schon haben Sie ein ebenso hübsches wie leckeres (Hunde-)Geschenk!

Süßkartoffelkuchen

ZUTATEN

- 450 g Süßkartoffeln, gekocht, abgekühlt und zu Brei zerdrückt
- 1 Teelöffel (5 ml) Vanillemark
- 100 ml Honig
- 4 Eier
- 100 g Pflanzenfett
- 380 g Mehl
- 2 Teelöffel (10 g) Backpulver
- ½ Teelöffel (2,5 g) Backnatron
- 2 Teelöffel Zimt
- ½ Teelöffel Muskatnuss

ZUBEREITUNG

Backofen auf 180 °C vorheizen.

Auflaufform (25 cm Durchmesser) einfetten.

Den Süßkartoffelbrei in einer großen Schüssel mit der Vanille und dem Honig gut durchrühren. Nacheinander die Eier hinzugeben und pro Ei 1 Minute schlagen. Zuletzt das Pflanzenfett unterrühren und alles gut durchmischen.

Mehl, Backpulver, Backnatron, Zimt und Muskat in einer anderen Schüssel mischen, dem Süßkartoffelbrei zugeben und auf niedriger Stufe verquirlen, bis alles gut vermengt ist.

Den Teig in die vorbereitete Auflaufform geben und 60–70 Minuten backen.

Kuchen abkühlen lassen und in dünn geschnittenen Scheiben servieren.

In einem geschlossenen Behälter im Kühlschrank aufbewahren.

Ergibt ca. 20 Portionen.

■

Wer nicht weiß, wie man Süßkartoffeln kocht: Nach dem Waschen und Schälen vierteln und bei zugedecktem Topf 25 Minuten in siedendem Wasser kochen. Danach abtropfen lassen und spülen, bis sie glatt sind.

Sagt mal, als Hund habe ich doch 7-mal im Jahr Geburtstag, oder?

Mamas Magische Muffins

Diese köstlichen Muffins mit ihrem milden Apfelgeschmack locken selbst den verwöhntesten Hund hinter dem Ofen hervor... Wieso magisch? Weil sie spurlos verschwinden – passen Sie auf!

ZUTATEN

- 250 g Mehl
- 3 Teelöffel Zimt (in getrennten Portionen)
- 1 Teelöffel (4,5 g) Backpulver
- ½ Teelöffel (2,5 g) Backnatron
- 2 Eier
- 60 ml Pflanzenöl
- 230 g fettarmer Joghurt
- 150 g geschälter, fein geriebener Apfel

ZUBEREITUNG

Backofen auf 200 °C vorheizen.

12 einzelne Muffinförmchen (oder eine 12-Stück-Muffinform) leicht einfetten.

Mehl, 1½ Teelöffel Zimt, Backpulver und Backnatron in einer großen Schüssel vermengen.

In einer kleineren Schüssel die Eier schlagen, Öl und Joghurt unterrühren. Die Eiermischung mit der Mehlmischung und dem geriebenen Apfel zu einem Rührteig vermengen.

Die Muffin-Formen zu etwa ⅔ mit Teig füllen und mit 1½ Teelöffeln Zimt bestreuen.

Backzeit: 20–25 Minuten.

In einem geschlossenen Behälter im Kühlschrank aufbewahren.

Ergibt 12 Muffins.

Diese Welpen träumen wahrscheinlich von dem Tag, an dem sie zur Muttermilch Mamas Magische Muffins serviert bekommen...

Heidelbeer-Muffins

Die idealen Muffins fürs zweite Frühstück – ein wahrer Energiestoß für Ihren Vierbeiner!

ZUTATEN

- 220 g Mehl
- 2 ½ Teelöffel (11,5 g) Backpulver
- 1 Ei, leicht verquirlt
- 175 ml Milch
- 80 ml Pflanzenöl
- 60 ml Honig
- 145 g Heidelbeeren

ZUBEREITUNG

Backofen auf 190 °C vorheizen.

9 Muffinförmchen leicht einfetten.

Mehl und Backpulver in eine kleine Schüssel sieben.

In einer großen Schüssel Ei, Milch, Öl, Joghurt und Honig verrühren. Eiermischung unter die Mehlmischung rühren und die Heidelbeeren unterheben.

Die Muffinformen zu etwa $2/3$ mit Teig füllen.

Backzeit: 25 Minuten.

In einem geschlossenen Behälter im Kühlschrank aufbewahren.

Ergibt 9 Muffins.

Henri meint...

Wenn es gerade keine frischen Heidelbeeren gibt, geht es auch mit eingefrorenen – die mag ich genauso. Solange sie gefroren sind, lassen sie sich sogar leichter verarbeiten, da sie nicht so schnell zerdrückt werden.

»Wenn ich Herrchen und Frauchen den Ball zurückbringe, kriege ich bestimmt ein Heidelbeer-Muffin dafür, oder?«

Karotten-Muffins mit Cremehäubchen

ZUTATEN

Muffins

- 250 g geriebene Karotten
- 3 Eier
- 120 ml Pflanzenöl
- 2 Teelöffel (5 g) Zimt
- 40 g Vollkornhaferflocken
- 375 g Mehl

Creme

- 230 g Frischkäse (Zimmertemperatur)
- 50 g Pflanzenfett

ZUBEREITUNG

Muffins

Backofen auf 150 °C vorheizen.

9 Muffinförmchen leicht einfetten.

Karotten, Eier und Öl in einer Schüssel verrühren. Nacheinander Zimt, Haferflocken und Mehl hinzugeben und alles gut vermengen.

Muffinteig mit den Händen zu kleinen Portionen kneten und in die Förmchen füllen (am besten geht es mit angefeuchteten Händen).

Backzeit: 25 Minuten.

Vor dem Auftragen der Creme Muffins völlig auskühlen lassen.

Creme

Frischkäse und Fett mit dem Handmixer gut verrühren. Die fertige Masse in einen Spritzbeutel mit einem einfachen Aufsatz geben und einen großen Kreis auf den Muffinrand sowie zwei kleinere Kreise in die Mitte des Muffins drücken. Sie können die Creme aber auch mit einem Löffel auftragen.

Cremehäubchen nach Belieben mit einem Plätzchen garnieren.

Ergibt 9 Muffins.

■

Bleibt etwas Creme übrig, streichen Sie sie zwischen zwei Kekse – und schon haben Sie gefüllte Hundeplätzchen!

Noch nie waren Karotten-Muffins so lecker wie heute! Man kann sie in kleine Portionen aufteilen und hat dann ideale Trainingshilfen.

Omas Apfelpfannkuchen

Dieses Rezept ergibt buchstäblich einen »Kuchen in der Pfanne«, ein, wie der Name schon andeutet, eher traditionelles Dessert. Aber er kommt nie aus der Mode – bei Hunden schon gar nicht…

ZUTATEN

— 2 Esslöffel (25 g) Pflanzenfett oder -öl

— 2 Äpfel (Red oder Golden Delicious), geschält, entkernt und in dünne Scheiben geschnitten

— 1 Teelöffel (2,5 g) Zimt

— 50 g fein gehackte Walnüsse

— 40 g Mehl

— ¼ Teelöffel (1,2 g) Backpulver

— 2 Eiweiß

— 2 Eigelb

— 80 ml Milch

ZUBEREITUNG

Backofen auf 200 °C vorheizen.

Pflanzenfett in einer Pfanne (ca. 25 cm Durchmesser) mit backofenfestem Griff zum Schmelzen bringen, Äpfel und Zimt hinzugeben und gut umrühren. Bei schwacher Hitze und geschlossenem Deckel 5 Minuten köcheln, von der Platte nehmen und die Walnüsse hinzufügen.

Mehl, Backpulver, Eigelb und Milch in einer mittelgroßen Schüssel zu einem weichen Rührteig schlagen.

Mit einem Elektrorührgerät das Eiweiß in einer zweiten Schüssel steif schlagen, bis sich kleine Spitzen bilden. Eiweiß vorsichtig unter die Mehlmischung ziehen und den fertigen Teig über die Apfel-Nuss-Mischung in der Pfanne geben.

Nach 15 Minuten Backzeit die Pfanne aus der Röhre nehmen und mit einem Schaber vorsichtig die Ränder des Pfannkuchens lösen.

Einen Servierteller über die Pfanne legen und die Pfannkuchen darauf stürzen (jetzt sind die Äpfel auf der Oberseite).

Ergibt ca. 12 Portionen.

Henri meint…

Frauchens Mutter hat ihren Enkeln oft solche Pfannkuchen gebacken und mit Eiskrem serviert. Eine leckere Garnierung für uns Hunde ist ein Klacks fettarmer Joghurt.

Nuss-Preiselbeer-Riegel

Diese Riegel schmecken nicht nur hervorragend – sie geben dem Vierbeiner auch etwas zu kauen und sind obendrein gesund! Fast alle Hunde lieben Preiselbeeren. Mit Nüssen und Haferflocken gemischt, können diese Riegel übrigens auch Herrchen und Frauchen in Versuchung führen… Guten Appetit allerseits!

ZUTATEN

- 350 ml Wasser
- 60 ml Honig
- 330 g Preiselbeeren (frisch oder tiefgekült)
- 100 g Pflanzenfett
- ½ Teelöffel (2,5 g) Backnatron
- ½ Teelöffel (1,5 g) Zimt
- 180 g Mehl
- 125 g Vollkornhaferflocken
- 75 g fein gehackte Walnüsse

ZUBEREITUNG

Backofen auf 190 °C vorheizen.

Backform (ca. 33 × 23 × 5 cm) leicht einfetten.

Wasser und Honig in einem mittelgroßen Topf zum Kochen bringen, die Preiselbeeren hinzugeben und nochmals aufkochen. Bei schwacher Hitze 10 Minuten köcheln lassen, dabei gelegentlich umrühren. Den Topf vom Herd nehmen und die Mischung etwas abkühlen lassen.

Pflanzenfett in einer großen Schüssel schaumig schlagen, Backpulver, Backnatron und Zimt hinzufügen. Löffelweise das Mehl und die Haferflocken einrühren, sodass eine krümelige Masse entsteht.

Die Hälfte dieser Mischung gleichmäßig in der Pfanne verteilen.

Die Preiselbeermischung gleichmäßig darüber verstreichen und darauf wiederum die Walnüsse verteilen.

Die zweite Hälfte des Mehlteigs darüber geben und vorsichtig andrücken.

Nach 25 Minuten Backzeit auf einem Gitterrost auskühlen lassen.

In müsliriegelgroße Stücke schneiden.

Ergibt 20–25 Riegel.

Muffins mit Carob-Chips

ZUTATEN

- 345 g fettarmer Joghurt
- 3 Eier, leicht verquirlt
- 100 g Pflanzenfett
- 30 g Carobpulver
- 500 g Mehl
- 40 g Vollkornhaferflocken
- 45 g ungesüßte Carob-Chips

ZUBEREITUNG

Backofen auf 150 °C vorheizen.

9 Muffinförmchen leicht einfetten.

Joghurt, Eier und Pflanzenfett im Mixer verrühren, bis alles gut durchmischt ist.

In eine zweite Schüssel Carobpulver, Mehl und Hafer-flocken geben und alles gut vermengen. Die Joghurt-mischung beigeben und alles gründlich mischen. Zum Schluss die Carob-Chips einrühren.

Muffinteig mit den Händen formen und portionsweise in die Förmchen füllen (leichter geht es mit angefeuchteten Händen).

Backzeit: 25 Minuten.

In einem geschlossenen Behälter im Kühlschrank aufbe-wahren.

Ergibt 9 Muffins.

»Schokolade« für Hunde? Das für Hunde ungefährliche Carob ist ein Produkt des Johannisbrotbaums – und eine echte Delikatesse für unsere Vierbeiner!

Süßkartoffel-Muffins

Ihre natürliche Süße macht die Süßkartoffel zu einem idealen »Belohnungshappen« bei der Hundeerziehung. Nur in kleine Stücke brechen – und ab geht's zum Training!

ZUTATEN

- 1 Süßkartoffel
- 3 Eier, leicht verquirlt
- 100 g Pflanzenfett
- 1 1/2 Teelöffel (3,5 g) Zimt
- 1 1/2 Teelöffel (3,5 g) gemahlener Ingwer
- 250 g Mehl
- 80 g Vollkornhaferflocken

ZUBEREITUNG

Backofen auf 150 °C vorheizen.

9 Muffinförmchen leicht einfetten.

Süßkartoffel 45 Minuten backen, dann abkühlen lassen, schälen und stampfen.

Süßkartoffelmus, Eier und Pflanzenfett in einer großen Schüssel miteinander verrühren.

In einer mittelgroßen Schüssel Zimt, Ingwer, Mehl und Haferflocken mengen. Dann die Süßkartoffelmischung beigeben und alles gründlich mischen.

Teig mit einem Löffel portionsweise in die vorbereiteten Muffinförmchen füllen.

Backzeit: 30 Minuten.

10 Minuten abkühlen lassen, dann die Muffins herausnehmen und auf einem Gitterrost vollständig auskühlen lassen. In einem geschlossenen Behälter im Kühlschrank aufbewahren.

Ergibt 9 normal große Muffins oder 12 Mini-Muffins.

Kürbiskuchen

ZUTATEN

Teig

- 100 g Pflanzenfett
- 2 Eier, leicht verquirlt
- 250 g Mehl
- 2 Teelöffel (9 g) Backpulver
- 2 Teelöffel (5 g) Zimt
- 225 g pürierter Kürbis
- 175 ml Milch

Creme

- 230 g Frischkäse (Zimmer-temperatur)
- 100 g Pflanzenfett

ZUBEREITUNG

Backofen auf 180 °C vorheizen.

Backform (ca. 23 × 23 × 5 cm) leicht einfetten.

Pflanzenfett in einer großen Schüssel schaumig rühren und die Eier hineinschlagen.

In einer mittelgroßen Schüssel Mehl, Backpulver und Zimt vermengen, den Kürbis und die Milch beigeben und alles gründlich durchmischen.

Die Pflanzenfett-Eier-Mischung hinzufügen, gut verrühren und in die gefettete Backform füllen.

Backzeit: 40–45 Minuten.

In der Backform auf einem Gitterrost abkühlen lassen, dann aus der Form nehmen und völlig auskühlen lassen.

Creme

Pflanzenfett schaumig rühren und mit dem Frischkäse ver-quirlen. Den abgekühlten Kürbiskuchen mit der Creme bestreichen und in quadratische Stücke schneiden.

In einem geschlossenen Behälter im Kühlschrank aufbe-wahren.

- Ergibt 40–44 Kuchenstücke von ca. 4 cm Kantenlänge.

Ein geschmacklicher Extrakick erwünscht? Heben Sie noch 75 g gehackte Walnüsse unter den Teig. Und die Herzen der Carobfans erobern Sie, wenn Sie zusätz-lich 90 g ungesüßte Carob-Chips hinein-rühren.

Henri meint ...

Die restliche Creme schmiert Herrchen immer zwischen zwei Plätzchen – doppelt gemoppelt hält besser, und schmeckt super, mmmmmmh!

KAPITEL 7

Kühle Desserts & Getränke

Wenn es im Sommer so richtig heiß hergeht und alles nach einem leckeren Eis und einer Erfrischung für Leib und Seele lechzt, sollten auch Vierbeiner nicht ausgeschlossen werden. Weil die im Folgenden aufgeführten kühlen Köstlichkeiten leicht verderblich sind, müssen sie bis zum Servieren im Kühlschrank aufbewahrt werden. Feiern Sie im Freien oder sind Sie unterwegs, benutzen Sie Kühlboxen mit vielen Kälteakkus!

Wir alle können uns an bestimmte Kuchen, Törtchen oder Pastetchen erinnern, die mit irgendwelchem persönlichen Schnickschnack verziert waren – also verschaffen wir auch unseren Vierbeinern ein paar unvergessliche kulinarische Erlebnisse

Daiquiri »Bello« für den Hund

ZUTATEN

- 450 g fettarmer Joghurt
- 1 Esslöffel (15 ml) Wasser
- 2 Esslöffel (30 g) pürierter Kürbis

ZUBEREITUNG

In einer kleinen Schüssel alle Zutaten mit einem Handmixer verrühren.

Für 1 Stunde in den Gefrierschrank stellen und jede Viertelstunde umrühren, dann servieren.

ACHTUNG! Dieser erlesene Hundetrank muss bis zum Servieren im Gefrierfach oder im Kühlschrank aufbewahrt werden.

■

Das Getränk passt hervorragend zu den Kürbisstangen, die auf S. 84 beschrieben sind.

■

Als kreativer Hundebarmixer können Sie auch Ihren ganz speziellen Vierbeiner-Daiquiri kreieren: Lassen Sie den Kürbis weg und probieren Sie es stattdessen mit 2 Esslöffeln (30 g) Erdnussbutter und 2 Esslöffeln (30 g) zerdrückter Banane oder einem halben Gläschen Babynahrung, von der Sie wissen, dass Ihr Hund sie mag.

Ergibt ca. 500 ml.

Henri meint . . .

Im Sommer, wenn's richtig heiß ist, könnt ihr die Joghurtmischung in Eiswürfelbehältern einfrieren – dann habt ihr genau die richtigen Portionen, wenn ich mal eine Erfrischung brauche…

Fünf Uhr Nachmittags – Happy Hour. Für den heißen Hund beginnt der Sommerabend mit einem erfrischend kühlen Kürbisdaiquiri.

Bananarita

ZUTATEN

- 950 g fettarmer Joghurt
- 2 Esslöffel (40 g) Rohhonig (optional)
- 1 Banane, in Scheiben geschnitten

ZUBEREITUNG

Mit dem Pürierstab alle Zutaten verquirlen.

In Eiswürfelformen (oder anderen Förmchen, ganz nach Belieben) einfrieren.

Die Eisportionen in eine Schüssel geben und bis zum Servieren gefroren halten.

Ergibt ca. 1 Liter.

◼

Das Grundrezept lässt sich ganz nach persönlichem Geschmack variieren: Sie können alle Gemüsesorten und Früchte hinzufügen, die Ihr Hund mag – zum Beispiel Heidelbeeren, Preiselbeeren, pürierten Kürbis, Karotten und Äpfel. Joghurt ist verdauungsfördernd und von daher generell sehr gut für Ihren Hund. Selbst der verwöhnteste Vierbeiner wird schwach, wenn man ein wenig gehacktes Rindfleisch, Lamm, Huhn, Kalbfleisch oder Lachs beigibt.

Ein beliebter Trick bei uns zu Hause besteht darin, Bananarita ins Kühlfach zu stellen und alle halbe Stunde mit einer Gabel die oberste Schicht des Joghurts abzukratzen. Dadurch bilden sich Kristalle, die wir dann unseren Gästen auf

Henri meint …

Partytellern servieren. Zu meinen liebsten Eiweißquellen gehört Erdnussbutter. Herrchen oder Frauchen sollen ihrer Kreativität keine Zügel anlegen und ruhig mal so ca. 60–70 g naturreine Erdnussbutter in den Joghurt mischen.

Keine Hundestiefel? Kein Mäntelchen? Kein Problem – mit diesen erfrischenden, kühlen Köstlichkeiten versetzen Sie sich und Ihren vierbeinigen Liebling in die Stimmung südlicher Gefilde…

oben:
Diese Leckerschmecker sind eigentlich
zwei Schmankerl in einem: ein knuspri-
ges Pastetchen mit weicher Kürbis-
füllung. Und obenauf ein quergestelltes
Plätzchen: Aller guten Dinge sind
drei…

links:
Steht Ihnen kein Spritzbeutel mit dem
dazugehörigen Tüllensortiment zur
Verfügung, füllen Sie einfach einen
kleinen Plastikbeutel mit Ihrer Creme.
Schneiden Sie die untere Ecke ab,
drücken Sie die Füllung in die Törtchen
und streichen Sie sie dann mit einem
Messer glatt (es geht auch mit dem
Finger).

Törtchen mit Kürbis-Käse-Füllung

ZUTATEN

Törtchen

- 310 g Vollweizenmehl
- 40 g Vollkornhaferflocken
- 1 Ei, leicht verquirlt
- 240 ml Wasser
- 130 g grobe Erdnussbutter aus dem Naturkostladen

Füllung

- 100 g pürierter Kürbis
- 450 g Frischkäse (Zimmertemperatur)

ZUBEREITUNG

Törtchen

Backofen auf 180 °C vorheizen.

Weizenmehl und Haferflocken in einer großen Schüssel vermengen. Ei, Wasser und Erdnussbutter hinzufügen und alles gut mischen.

Den Teig auf einer mit Mehl bestäubten Oberfläche kneten und ausrollen (ca. 3 mm dick). 24 Kreise mit je ca. 5 cm Durchmesser ausstechen. Den restlichen Teig noch einmal ausrollen und 24 kleine Plätzchen zur Garnierung ausstechen.

Eine Mini-Muffin-Form mit etwas Öl einfetten und mit Mehl bestäuben. Die Teigkreise in die Mini-Muffin-Form geben und festdrücken.

Backzeit: 30 Minuten (oder bis die Törtchen goldbraun sind). Etwas abkühlen lassen, aus der Form nehmen und dann vollständig auskühlen lassen. In einem verschlossenen Behälter aufbewahren, bis die Füllung fertig ist.

Füllung

Mit einem Handmixer Kürbispüree und Frischkäse gut miteinander verrühren. Die Mischung in einen Spritzbeutel mit breiter Tülle oder in einen Plastikbeutel geben und eine Ecke abschneiden, sodass eine ca. 1,3 cm breite Öffnung entsteht. Die Füllung vorsichtig in die Törtchen drücken. Zum Schluss mit einem Plätzchen verzieren.

Ergibt ca. 24 Törtchen und 24 Plätzchen zum Garnieren.

Henri meint...

Hier noch eine Idee:
Die Plätzchen aus dem Restteig in meinen Lieblingsformen ausstechen – dann schmeckt 's noch besser.

Gefüllter Erdnussbutter-Pie

ZUTATEN

Teig

- 190 g Mehl
- 100 g Pflanzenfett
- 1 Teelöffel (2,5 g) Zimt
- 4–5 Esslöffel (60–75 ml) Wasser

Füllung

- 1 ½ Esslöffel (12 g) Vollkornmehl
- 240 ml Milch
- 2 Eidotter
- 260 g Erdnussbutter
- 1 Esslöffel (4 g) gehackte Minze sowie mehrere ganze Blätter zum Garnieren

ZUBEREITUNG

Teig

Backofen auf 230 °C vorheizen.

Mehl in eine große Schüssel sieben, Pflanzenfett hineinschneiden und kneten, bis der Teig ca. 6 mm große Kügelchen bildet. Den Zimt darüberstreuen und esslöffelweise (je 15 ml) Wasser hinzugeben. Mit einer Gabel und zum Schluss mit den Händen einen festen Teig herstellen und einen großen Ball formen.

Auf einer mit Mehl bestäubten Arbeitsfläche den Teig ausrollen (3 mm dick) und 5 Teigkreise von ca. 15 cm Durchmesser austechen; diese dann in Mini-Kuchenformen von 10 cm Durchmesser geben und den überstehenden Teig abschneiden.

Backzeit: 10–12 Minuten. Abkühlen lassen.

Füllung

Alle Zutaten in den Mixer geben und glattrühren.

Die Mischung in eine Kasserolle geben und bei mittlerer Hitze erwärmen, bis sie allmählich dicker wird. Nicht kochen lassen!

Abkühlen lassen, in die kleinen Kuchenformen füllen und bis zur Weiterverwendung in den Kühlschrank stellen.

Vor dem Servieren mit etwas Frischkäse und frischer Minze garnieren.

Ergibt 5 Pies von je 10 cm Durchmesser – oder 1 großen mit 20 cm Durchmesser.

Erdnussbutter-Pie (unten) ist der direkte Weg zum Herzen echter Erdnussbutterfans. Ihr Liebling wird schnell erschnüffeln, ob es nicht noch mehr davon gibt. Die Leckerei kann in mehrere Portionen aufgeteilt werden.

Bezugs-quellen

Bildnachweis

Richtige Hundepartyservices gibt es bei uns – anders als in den USA – (noch) nicht. Was man findet, sind jedoch Hundebäckereien, die in vielen Fällen auch Privatkunden beliefern. Hier einige ausgewählte Web-Adressen:

www.bio-hundekuchen.de

www.christels-hundebaeckerei.de

www.coolpets.de

www.country-dog.net

www.dogsgoodies.de

www.hundebaeckerei.de

www.hundecookies.de

www.hundefutter-land.de

www.hundekekse.ch

www.hundekonditorei.de

www.hunde-versandhaus.de

www.hundplus.de

www.jeffo.de

www.leroy-biogesund.de

www.lilly-lecker.de

www.schwarzwaelder-hundebaeckerei.de

Rezeptfotos: Donna Bise

Donna Bise studierte Journalismus an der University of South Carolina. Seit über 20 Jahren fotografiert die preisgekrönte Fotojournalistin in den USA, Europa, Asien und Mittelamerika für Firmen und Verlage. Sie lebt mit ihrer Familie in Charlotte, North Carolina, USA.

Henri-Bilder: Linda Fund

Seite 7 (links): Alison Peterson

Seite 15 (oben): Mary Aarons

Seite 55: Ande Abramovich

Seite 70: Chris Grimley

Alle anderen Aufnahmen: www.istock.com

Food-Styling: Teresa Chelko

Über die Autorin

Barbara Burg kam in North Carolina zur Welt und studierte an der University of North Carolina und der East Carolina University. Nach dem Examen machte sie am Broadway Karriere, arbeitete als Schauspielerin in Manhattan sowie bei verschiedenen Tourneetheatern und zog dann nach Los Angeles, wo sie ihren späteren Ehemann Andrew kennenlernte. 1994 kehrten die beiden nach Charlotte, North Carolina, zurück und gründeten »Barbara's Canine Catering«. Seither hat sich Barbara auf das Backen von Leckerbissen aller Art für Hunde verlegt, wobei ihr Ziel vor allem darin besteht, Rezepte zu entwickeln, die zu einem ganzheitlichen, naturnahen Lebensstil passen. Nach zehn erfolgreichen Jahren gründeten Barbara und ihr Ehemann 2004 zusammen mit ihren Geschäftspartnern David und Meredith Thompson Greer zusätzlich das »Canine Café«.

Barbara Burg ist in verschiedenen Tierschutzorganisationen aktiv und bietet Seminare für Hundefreunde an, die Hundebäckereien und entsprechende Vertriebssysteme aufbauen wollen.

Danksagung

Während ich diese Zeilen schreibe, ist TJ vierzehneinhalb Jahre alt. Er ist jetzt ein bisschen langsamer, launischer und sturer als früher, und was seine Leibspeisen angeht, ist er wählerischer geworden. Mein Buch ist – auch – eine Hommage an ihn und sein langes Leben voller Verve und Energie. Er war meine Inspiration. TJ war gerade sechs Wochen alt, als ihn meine Freundin Lori Koppel-Heath 1992 wenige Tage vor Weihnachten aus dem Schaufenster eines Supermarkts rettete. Wir alle empfanden sein Dasein und die Freude, die er uns über so viele Jahre brachte, als ein besonderes Geschenk. TJ hat die Entwicklung der in diesem Buch beschriebenen Rezepte vom Anfang bis zum Ende begleitet. Ein großes Dankeschön geht an Andrew Burg, der meine Vision von einem Catering-Service für Hunde auf der Basis einer naturnahen Ernährung teilte. Danke für unzählige Stunden bei der Entwicklung und Erweiterung der »geschäftlichen Seite« unserer Firma, danke für Zehntausende von Hundekuchen, die du geschnitten hast, danke für deine jahrelange Unterstützung und für deine Mitarbeit an diesem Buch.

Unser Tierarzt, Dr. Kim Robinson, hat sich immer mit großem Engagement um meine Hunde und Katzen gekümmert und mir bei vielen »kulinarischen« Entscheidung mit Rat und Tat beiseite gestanden. Ihm bin ich ebenfalls zu großem Dank verpflichtet, ebenso seinem Kollegen Dr. Tom Watson und dem North Carolina State University Animal Food Science Departement, die mir das nötige Grundlagenwissen für die natürliche Küche vermittelten.

Im August 2007 verließ TJ unsere Welt und machte sich auf den Weg über die Regenbogenbrücke. Gute Reise, mein kleiner Freund. Wir werden uns wiedersehen.